"十三五"普通高等教育本科部委级规划教材

盐城工学院教材基金项目
江苏省社科基金项目（16YSB014）

计算机辅助室内设计实训教程

COMPUTER AIDED INTERIOR DESIGN
TRAINING COURSE

徐 丹 卢 静 张 亮 | 编著

中国纺织出版社

内 容 提 要

本书为"十三五"普通高等教育本科部委级规划教材。

本书以室内设计施工图和效果图的绘制过程为主要脉络,详细介绍了如何使用AutoCAD的二维命令,完成从平面图到创建整套室内设计施工图纸,以及结合3ds Max建模、V-ray灯光、材质、渲染和Photoshop后期处理进行效果图绘制的全过程。其中既包含计算机辅助室内设计的基础原理等基础知识,更侧重展示结合设计方案完成软件的操作方法和技巧。书中的案例经过精心挑选,课上课下承接关系很强,契合室内设计的规律和步骤。

本书既可作为环境设计、室内设计、建筑设计等相关专业教材,也可作为相关行业人员培训教材。

图书在版编目(CIP)数据

计算机辅助室内设计实训教程 / 徐丹,卢静,张亮编著 . —北京:中国纺织出版社,2018.11

"十三五"普通高等教育本科部委级规划教材

ISBN 978-7-5180-5518-0

Ⅰ.①计… Ⅱ.①徐… ②卢… ③张… Ⅲ.①室内装饰设计—计算机辅助设计—高等学校—教材 Ⅳ.① TU238.2-39

中国版本图书馆 CIP 数据核字(2018)第 241263 号

策划编辑:魏 萌 责任编辑:苗 苗 责任校对:王花妮
责任印制:王艳丽

中国纺织出版社出版发行
地址:北京市朝阳区百子湾东里 A407 号楼 邮政编码:100124
销售电话:010—67004422 传真:010—87155801
http://www.c-textilep.com
E-mail:faxing@c-textilep.com
中国纺织出版社天猫旗舰店
官方微博 http://weibo.com/2119887771
北京通天印刷有限责任公司印刷 各地新华书店经销
2018 年 11 月第 1 版第 1 次印刷
开本:787×1092 1/16 印张:12.75
字数:218 千字 定价:49.80 元

前　言

　　计算机技术对设计领域产生了巨大的影响，利用计算机辅助设计成为一种趋势和必然。计算机辅助设计已不单纯作为一种绘图工具，而是正逐渐融入整个设计过程，成为一种新的设计方法和模式，改变着室内设计的思维方式、习惯，并深刻影响着室内设计的未来发展。

　　在学习过程中，对于计算机辅助室内设计的定位应明确两点：①计算机辅助设计对于室内设计而言，它不仅作为将设计方案转化为成果的一种手段，更强调对设计思维的引导。②要正确认识计算机技术的辅助作用，不能只重视软件的操作技术而与专业设计脱节。

　　本书在编写时以专业为导向，注重室内设计实际运用。AutoCAD、3ds Max 和 Photoshop 都是综合性的设计软件，功能强大但命令繁杂，具体运用在室内设计中的命令是有限的。因此，在教材中不再全面地、平均地介绍软件的功能，而是针对室内设计中遇到的技术加以详细的讲解，其他只做简单介绍。

　　本书撰写感谢盐城工学院教材基金项目、"'文化＋'视域下长三角设计博物馆的功能演进及发展策略研究"及 2016 年度江苏省社科基金项目（16YSB014）的支持，感谢杨建生、张军教授在本书编写中提出的中肯意见和帮助，感谢张庚龙、朱彦榕、曹灿、邱帅等同学提供的案例。

　　在编写过程中，笔者参考了相关文献，在此对文献的作者深表谢意。由于时间仓促，书中难免有疏漏和不足之处，请各位读者批评指正。

徐丹

2018 年 6 月

教学内容及课时安排

章 / 课时	课程性质 / 课时	节	课程内容
第一章 /8	基础理论 /8	●	计算机辅助室内设计的思维训练
		一	计算机辅助设计在室内设计中的运用
		二	计算机辅助室内设计相关软件简介
		三	室内设计图纸的主要内容及绘图步骤
第二章 /8	技能实训 /64	●	AutoCAD 的基础训练
		一	AutoCAD 的常用命令
		二	AutoCAD 的绘图环境
		三	AutoCAD 的绘图辅助
		四	AutoCAD 的二维图形绘制
第三章 /12		●	室内设计施工图训练
		一	室内设计施工图绘制思路和技巧
		二	室内设计平面图绘制训练
		三	室内设计顶面图绘制训练
		四	室内设计立面图绘制训练
		五	室内设计其他施工图绘制训练
第四章 /8		●	Photoshop 的基础训练
		一	Photoshop 的基础知识
		二	Photoshop 的基本工具
		三	Photoshop 的图像处理
第五章 /12		●	Photoshop 室内设计运用训练
		一	"中国风"室内效果图的效果处理
		二	"镜头校正"室内效果图的视角调节
		三	"消失点"室内效果图的细节修饰
		四	"照片"室内效果图的直接绘制
		五	"二维"室内效果图的综合制作

章 / 课时	课程性质 / 课时	节	课程内容
第六章 /8	技能实训 /64	●	室内效果图的形态塑造
		一	3ds Max 的绘图环境
		二	3ds Max 的常用绘图工具
		三	3ds Max 的建模技能
第七章 /8		●	室内效果图中的氛围营造
		一	3ds Max & V-ray 室内光环境
		二	3ds Max & V-ray 的视角设置
		三	V-ray 摄像机的运用技能
第八章 /8		●	室内效果图的质感表现
		一	室内效果图中的材质之美
		二	V-ray 材质应用技能
		三	V-ray 渲染优化技能
第九章 /16	综合实训 /24	●	室内设计效果图绘制训练
		一	简欧客厅日夜景效果图的风格表现
		二	简中客厅效果图绘制流程的综合呈现
第十章 /8		●	3ds Max 室内动画漫游技能训练
		一	室内动画漫游制作的思路和技巧
		二	室内动画漫游的制作流程

注 各院校可根据自身的教学特点和教学计划对课程时数进行调整。

目　录

综合实训

计算机辅助室内设计的思维训练

课题名称：计算机辅助室内设计的思维训练

课题内容：计算机辅助设计在室内设计中的运用

计算机辅助室内设计相关软件简介

室内设计图纸的主要内容及绘图步骤

课题时间：8 课时

教学目标：通过本章的学习使学生理解和掌握计算机辅助设计的基本知识和方法，加深学生对课堂讲授内容的理解，培养学生的计算机辅助设计思维及理解能力。尤其是对室内设计过程和主要行业规范有深入的了解，为后面的实践操作打下良好的理论基础。

教学重点：首先是计算机辅助设计与室内设计过程的对应关系；其次是室内设计图纸的主要内容及绘图步骤；最后回顾室内设计施工图的制图规范。深入程度和学习时长要视先修课程的教学内容而定。

教学方式：理论讲授结合多媒体课件演示。

第一章 计算机辅助室内设计的思维训练

第一节 计算机辅助设计在室内设计中的运用

室内设计是一门与人类的生活密切相关，非常实用的综合学科，不光有很高的艺术要求，而且核心内容涉及多种科学技术领域，如建筑施工、水电、监理、预决算、材料学等，这些在设计过程中都是要通过施工和效果图纸来表达的。所以学习计算机辅助设计的前提就是要对室内设计和计算机辅助设计的基本原理、设计过程和主要内容有着非常深入的了解，脱离了这些原则去单纯学习计算机软件，就像空中楼阁一样虚幻，没有实际运用价值。

一、室内设计的步骤与计算机辅助设计的对应关系

室内设计根据设计的进程，通常可以分为五个阶段，即设计准备阶段、方案设计阶段、设计扩初阶段、施工图设计阶段和设计实施阶段。室内设计阶段与计算机辅助设计软件及设计内容的对应关系见表1–1。

表 1–1 室内设计步骤及对应计算机辅助设计的内容

阶段	内容步骤	表述方式（设计软件）
设计准备	1. 明确任务书，了解功能要求、造价投资、工期计划、周边环境等内容	设计分析调研（AutoCAD）
	2. 现场了解原建筑结构、设施、消防、设备、管线的尺寸、位置等情况	解读原建筑结构图、现场照片、测绘图、注释等（Photoshop、AutoCAD）
	3. 查阅资料，调研考察。通过平面、透视图解析空间关系和功能分析	绘制草图，激发概念（AutoCAD、Sketchup 和 Photoshop）
方案设计	1. 建立空间概念，梳理空间资讯，构建空间模型，完成风格定位	空间概念图（平面、吊顶、轴测、透视图）（3ds Max Sketchup）
	2. 建立色彩概念，构建空间色调的层次。对应色调，确定装修材料	制作透视图和色块比例配置图，分析面积比等（Photoshop）
	3. 建立空间照明关系、层次、概念	透视图表达照明效果（Photoshop）
	4. 完成主要陈设和家具、装饰设计、材料的形式、位置、内容和小样	陈设在平、立面图上的效果关系，样品扫描图片（Photoshop）

续表

阶段	内容步骤	表述方式（设计软件）
设计扩初	1.深化整体空间的平、顶、立等界面以及局部设计，如定制家具、隔断等	绘制平、顶、立、局部小透视或轴测图等（AutoCAD）
	2.完成空间的色彩分配和配置关系，及对材料的对应转换	配合色卡，材料布置图、实样图示、编号图表（Photoshop）
	3.明确空间照明的视觉效果和照明的形式，进行照度光比配置分析	照明素描关系图，空间照度比配置图，光源配置一览表
	4.明确风口、烟感、喷洒、音响等设备的定位、尺寸与环境的关系	了解相关的技术、数据，完成平、顶、立面设备定位图（AutoCAD）
	5.按空间比例推敲家具、灯具、陈设的构图及相互比例关系	按设计风格完成的空间效果图（AutoCAD、3ds Max 和 Photoshop）
施工图设计	1.绘图分析及准备工作编制流程	明确图符比例、制图分区（AutoCAD）
	2.分析平面图纸的个性内容及合并省略情况，立面在平面中的索引	编写平面内容系列分配，平面索引图（AutoCAD）
	3.拟定各类设计图表	材料、灯具、家具等图表（AutoCAD）
	4.平面、吊顶系列图绘制和注释	材料、尺寸的标注和索引（AutoCAD）
	5.立、剖面图绘制，构造详图索引	圈大样、放剖切符号（AutoCAD）
	6.完成详图，明确所在图的编号	绘制节点网格编号图（AutoCAD）
	7.整理全套图纸，编写图纸序号，完成图纸目录，并完善所有内容	过程文档的整理归案（AutoCAD）
	8.审校、修改、出图	（AutoCAD、3ds Max 和 Photoshop）
设计实施	通过施工实践来检验施工图的规范	形成竣工图（AutoCAD）

其中设计准备阶段和方案设计阶段是对设计图纸的预先解读，而最后的设计实施阶段是对设计图纸的实践检验。方案设计和施工图设计阶段则是对计算机辅助设计直接的表述和解析，是与计算机辅助室内设计关系密切的两个阶段。

（1）设计扩初阶段，需要提供的设计文件通常包括平面布置图、吊顶布置图、立面展开图、室内透视图、室内装饰材料实样版面、设计意图说明和造价概算。

（2）施工图设计阶段，需要补充施工所必要的有关平面布置、室内立面和平顶等图纸，还必须包括构造节点详细、细部大样图以及设备管线图，编制施工说明和造价预算。

二、计算机辅助设计在室内设计思维过程中的作用

室内设计思维是一个漫长而又复杂的过程，要通过前期调研（分析图）、方案构思、草图（效果图）、正稿（施工图）、修改稿（效果图和施工图）、确定稿（施工图）、调整设计方案，直至完成设计制作的全过程。

计算机辅助设计的出现使这种难题的解决成为可能。计算机数据化的输入使得生成的图像都具备精确性和可比性。尤其是 3ds Max 三维建模和 AutoCAD 的尺寸标注，都是现实场景所包含信息的完整体现。最佳的对策则是多窗口和多种软件打开，

同时显示出不同角度关键点的投影或透视，并随着局部或整体的修改"实时"变化，以及模拟效果和工程尺寸的相互比较，不仅带来了全新的思维方式，也是对传统单画面静态思维模式的突破。

计算机辅助设计的图式思维功能帮助我们通过图形进行思维和创造。在发现问题、分析问题和解决问题的同时，脑中的思维通过手（计算机）的操作，使图形具体化、精确化，而图形通过眼睛的观察又被反馈到大脑，刺激大脑作进一步的思考、判断和综合，如此循环往复，最初的设计构思也随之深入、完善。这种形象化的思考方式是对视觉思维能力、协同创造能力、计算机表现能力三者的综合。这个过程不只关注画面效果，更关注观察、发现、分析，强调脑、眼、计算机之间的互动，将设计构思数据化、形象化、具体化。因此，通过计算机辅助设计，能够培养学生在设计中形象化构思、设计分析及方案评价能力。

第二节　计算机辅助室内设计相关软件简介

就目前专业领域而言，有不少能够辅助室内设计制图的软件。目前业内运用最为广泛的软件是 AutoCAD、3ds Max 和 Photoshop。如果只是绘制二维的施工图，使用 AutoCAD 就足够了。如果需要绘制三维图形，全方位地展示室内设计的效果，就需要使用 3ds Max 来创建模型、赋予材质、布置灯光和渲染出图（其中可以结合 V-ray 插件），并使用 Photoshop 进行后期处理等工作。

一、AutoCAD

AutoCAD 即计算机辅助设计（Computer Aided Design，CAD），是国际最流行的辅助绘图工具。由美国 Autodesk 公司于 20 世纪 80 年代开发。广泛应用于土木建筑、装饰装潢、城市规划、园林设计、电子电路、机械设计、航空航天、轻工化工等领域。AutoCAD 可以绘制二维图形，也可以创建三维的立体模型。与传统的手工制图相比，使用 AutoCAD 绘制出来的室内设计施工图纸更加规范、精确。推荐使用 AutoCAD2014 以上版本（图 1-1）。

二、3ds Max

3ds Max 或者 3D 的全称是 3D Studio Max，是美国 Discreet 公司开发的三维模型制作和渲染软件。如今 Discreet 公司已经被 Autodesk 公司合并。3ds Max 主要用于制作各种类型的效果图，如景观园林设计、室内设计、展示设计等。同时也运用于动画制作。目前主流是 2014 以上版本（图 1-2）。

三、Photoshop

Adobe Photoshop 是最优秀的图像处理软件之一，由 Adobe 公司开发。应用范围十分广泛，如图像、图形、视频、出版等方面，

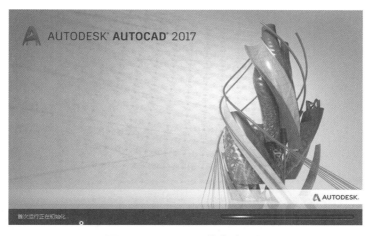

图 1-1 AutoCAD 的启动画面

图 1-2 3ds Max 的操作界面

已成为广告、出版、软件公司首选的平面图像处理工具。本书涉及 Photoshop 的功能有图像编辑、效果合成、校色调色，以及特效制作，推荐 Adobe Photoshop cs 以上版本（图 1-3）。

图 1-3 Photoshop 的最新版启动画面

四、V-ray

V-ray 是由 chaosgroup 和 asgvis 公司出品，由曼恒公司负责推广的一款高质量渲染插件，是目前业界最受欢迎的渲染引擎。基于 V-ray 内核开发的有 V-ray for 3ds Max、Maya、Sketchup、Rhino 等诸多版本，为不同领域的优秀 3D 建模软件提供了高质量的图片和动画渲染（图 1–4）。

本书施工图部分所讲内容主要是关于室内设计施工图的绘制，所涉及的软件主要是 AutoCAD；效果图的表现中涉及 3ds Max、V-ray 插件和 Photoshop。

图 1–4　V-ray for 3ds Max 插件

第三节　室内设计图纸的主要内容及绘图步骤

一、室内设计施工图的内容

一套完整的室内设计方案图纸最少在 15~20 张，复杂的超过 40 张，这不光取决于工程面积的大小和装修项目的多少，更多体现在施工图的质量表达上。一个优秀的设计师只需简洁的几张图纸，就能将所有的设计内容都表达清楚。所以图纸数量并不重要，而是以绘图水平的差异品衡。如若装修施工图过于简单，只有大的轮廓，则施工人员无法按图施工。规范的设计施工图纸一般包括如下内容：

➤ 封面：主要标明工程项目名称、设计单位、时间等重要信息。

➤ 图纸目录：主要分平面图、立面图、大样图和设备图表等几大类内容，重要的是排列的顺序和标识的规范。

➤ 设计说明：对设计项目的主要设计理念进行诠释，接着对设计的表达方式、材料、结构施工工艺等作进一步的说明。

➤ 平面布置图：包括原始平面图、变更平面图、空间功能分区图、人流分析图、立面索引图、家具布置图、地面材质图、水卫布置图及强弱电位置图等，具体依据设计情况出具。主要涉及室内的门窗、墙壁、隔断、家具，以及设施等的位置、造型和尺寸、用材等。

➤ 吊顶布置图：包括吊顶造型及灯具平面布置图、灯具尺寸图、吊顶电器设备布置图及设备说明表等，装饰天花板的材质、尺寸、造型以及灯具位置，都要一一标出，所有项目内容应一目了然。

➤ 立面图：每个空间中墙壁上的装饰、家具和门窗，以及它们的位置、尺寸、造型等应规范准确地标出。

➤ 家具、门和局部装饰造型的大样图：由于家具、门和部分隔断造型比较复杂，在立面图上无法标注地非常清晰，因此需要做详细的大样图，包括正视图、侧视图、俯视图、内部结构图，同样要详细标出材料、尺寸、造型等。

➤ 剖面结构图：对于造型比较复杂的部分，用剖面图和节点图详细绘出。

➤ 电路和水卫布置图：强弱电及给排水的路线布置，根据现场情况而定的。

一套完整的室内设计施工图就像一本书，施工人员可以根据图纸精细施工，监理和业主也能根据图纸验收装饰工程。从提供的图纸成果来看，室内设计图纸主要分两种：一种是施工图，就是指导施工的图纸，包括设计的平面布局、立面造型、结构做法以及色彩材料、细部构造、给排水、电路等；另一种是效果图，所谓效果图就是在建筑、装饰施工之前，通过彩色虚拟透视图，将施工后的实际效果用真实材质和直观的视图表现出来，使人一目了然地看到施工后的实际效果。这些都要借助计算机辅助设计中的专业软件来体现和表达。

二、计算机辅助室内设计施工图的绘制步骤

绘制室内设计施工图时，要按照一定的绘图步骤进行，一来可以加快绘图速度，二来使绘图更规范，少走弯路。

（1）完成绘图前设置，图形界限和设定单位为毫米（mm），精确到小数点后两位。

（2）设图层：通常以图线的用途来命名如墙线、家具线、标注、填充线等，进行图层设置时先选颜色、后定线型、再设线宽。

（3）根据不同的线型要求，在相应的图层中绘图，绘图顺序为：平面图、立面图、详图、效果图（按绘制结构、隔断、家具、铺装的顺序绘制）。

（4）标注：尺寸标注、文字标注。

（5）添加图框，亦可在打印过程中在布局添加，填写图名、标题栏的内容。

（6）检查所有图的内容，进行布局调整，确认无误后打印。

三、计算机辅助室内设计效果图的绘图技巧

用计算机辅助室内设计制图目的是要将设计思想或者设计内容表达出来。而效果图就是一种直观醒目、易于交流的表达形式。计算机效果图是指通过计算机三维技术来模拟真实环境的高仿真虚拟图纸。

1. 效果图表现的作用

（1）对方案设计的辅助：从建筑、园林景观、室内等设计行业的细分来看，效果图将平面图纸进行三维化，仿真化，实现高度虚拟的展现，可以对设计方案进行

全方位的推敲并发现其中的细微瑕疵。

（2）对施工效果的预测：效果图可以让甲方提前预览到未来建成后的场景效果。通过彩色虚拟透视图，呈现出真实材质、造型、灯光和氛围，让人一目了然，真实地再现设计师的创意。也能实现设计师与观者之间的沟通交流，现场表达设计师的理念，并综合业主的意图进行改动，方便双方达成共识，从而避免方案交流的感官障碍和施工中不必要的整改。

2. 效果图表现的基本要求

（1）场景真实：首先要能模拟出场景空间和尺度的真实性，不能为了追求视觉效果而改变模型尺寸。那样不但不能起到对设计的辅助作用，反而会影响设计效果的最终判断。

（2）效果逼真：效果图能弥补施工图表现上不够直观的缺陷，表现出设计项目实现后的理想状态，便于设计师把握和调整。也能使非专业的客户了解设计造型的构造、材料的质感以及灯光的模拟。

（3）艺术表达：效果图能体现设计师的设计意图，更直观向业主展示设计风格和理念。在环境氛围、空间布局上做艺术化处理，可以有效地营造出设计空间特有的场所感，比如传统中式风格可以营造出中国水墨画的效果，欧式风格可以添加一些油画的特效。

四、计算机辅助室内设计效果图的绘制过程

计算机辅助室内设计的效果图绘制过程，可以分为六个阶段，即绘图准备阶段、模型构建阶段、材质赋予阶段、光环境营造阶段、渲染实现阶段和后期处理阶段。具体详见第六章至第九章内容。

思考与练习

➢ 计算机辅助设计要紧密结合室内设计的具体过程，掌握计算机技术在各个阶段中的作用。运用室内设计软件（3ds Max、AutoCAD、Photoshop）体验书中对应的设计过程中的各个步骤。

➢ 计算机绘图方式与制图标准的结合。手绘临摹一套完整的室内设计施工图和效果图（专业设计图册指定）。

AutoCAD 的基础训练

课题名称： AutoCAD 的基础训练

课题内容： AutoCAD 的常用命令

AutoCAD 的绘图环境

AutoCAD 的绘图辅助

AutoCAD 的二维图形绘制

课题时间： 8 课时

教学目标： AutoCAD 在室内设计施工图绘制中的基础操作，主要指二维图形的绘制，是 AutoCAD 中最基本的内容。通过本章的学习，同学们可以掌握绘制施工图基本的命令、方法和技巧。需要指出的是达到一个绘图目的有很多方法，要根据具体情况来选择。要找到适合自己的最快和最易于掌握的方法，实践是最好的途径。

教学重点： AutoCAD 菜单操作方法、基本功能和部分新功能，以及管理图形文件和设置绘图环境的方法和技巧。能够将设计方案用规范、精确、美观的图纸表达出来，而且能有效地提高绘图水平及工作效率。

教学方式： 上机操作结合多媒体演示。

第二章 AutoCAD 的基础训练

第一节 AutoCAD 的常用命令

本章学习要求熟练掌握一些常用的命令，并理解参数的设置，尤其是常用命令快捷键的运用。强调边做边学对照教科书一步一步、反复地做，一定要注意多回头想想。尽量在学习中多做笔记，养成良好的绘图习惯（图 2-1）。

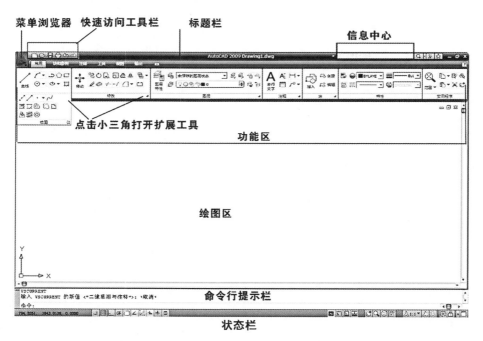

图 2-1 "二维绘图与注释"界面

一、工作界面

AutoCAD 2008 以上的版本为用户提供了"二维绘图与注释""AutoCAD 经典"以及"三维建模"三种界面，可以按状态栏的按钮 进行切换。"三维建模"适合用三维工具绘图，在计算机辅助室内设计施工图中使用不多，这里就不做介绍；"二维绘图与注释"界面分布比较明确，工具展示比较完整，适合初学者；"AutoCAD 经典"界面适合接触过较早 CAD 版本的人员。无论在哪个界面中，有几个区域和工具栏对于绘图是相当重要的。

➤ 标题栏：当光标移到菜单浏览器或命令按钮时，会显示相应的提示信息。

➤ 命令提示栏：提供用户通过键盘输入命令，且记录用户操作的历史记录，可以通过右侧的滚动条来查看。

➤ 状态栏：左侧显示十字光标当前的位置，中间显示辅助绘图的功能按钮，具体内容将在下节中讲述，右侧显示一些常用工具。

提示

要密切注意对命令行和状态栏中出现信息的关注，根据提示进行下一步操作。初学者往往对其忽视而导致后继操作出错。

二、命令的调用

AutoCAD 的操作由命令组成，常用方法是鼠标和键盘，一般要两者相结合来完成命令的输入，利用键盘来输入命令和参数，利用鼠标来执行工具、选择对象和捕捉关键点。

1. AutoCAD 命令位置

所有的 AutoCAD 命令都可以在菜单或工具面板中找到、调用和执行。

用全称或快捷键在命令行输入命令、文本、数值等参数，以直线工具为例：在命令行中输入"line"并按【Enter】或空格键。这其中会有一些术语反复出现，要掌握它的表达的意义：

（1）默认值：未输入新值前的参数，显示情况为"10"。

（2）选项：命令中可执行的部分。

（3）选择：用鼠标左键进行点击。

（4）指定基点：对象操作的起始点。

（5）确认：用鼠标右键或键盘【Enter】进行选择。

2. 命令调用操作过程

首先调用命令，以快捷键输入命令为例，在命令行中输入"L"（line）并按【Enter】或空格键。命令行提示栏给出信息，此时鼠标变成一个十字光标，如果开启了动态输入功能，光标右下角会出现一个输入框，根据命令提示的内容输入数值完成命令，或按键盘上的【Esc】命令退出。

提示

如命令提示区显示"命令"，说明有任务正在执行，无法调用其他命令，要退出就要按【Esc】。初学者往往忽视这个而造成错误。

三、鼠标的使用

鼠标使用的几种状态：为了充分理解鼠标的功能，必须要了解鼠标在不同绘图过程中的各种状态。不执行任何操作，光标移至绘图区，光标为十字交叉。光标移至菜单选项、工具面板或对话框中，光标为箭头状。此时可对菜单或工具进行选择（图 2-2）。

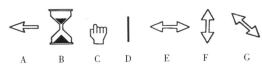

A　B　C　D　E　F　G

图 2-2　鼠标的各种功能状态

A—箭头代表用于选取命令　B—沙漏代表正在运算　C—手指代表选择附加信息　D—竖线代表输入文本　E—水平双箭头代表水平方向改变窗口大小　F—垂直双

箭头代表垂直方向改变窗口大小　G—对角双箭头代表同时在水平和垂直方向改变窗口大小

　　鼠标右键的快捷菜单可以提供一些常用命令，直接点击右键可得到常用的编辑命令菜单，而右击的同时按下【Ctrl】键，可得到捕捉菜单。

　　在用快捷键输入命令时，可在高级选项中将右键操作改成确定功能（与AutoCAD R14 版本类似），这样可大大加快绘图速度。操作方法是左键选择，右键确定。

四、选择的方法

1. 直接点取方式（默认）

　　通过鼠标直接点取实体，后实体呈高亮度显示，表示该实体已被选中，我们就可以对其进行编辑。如果是多重选择可以用鼠标一个一个地选择目标，将选择的目标逐个地添加到选择集中。如果不小心多选了某个图元，并不需要取消命令重来，只需按【Shift】键的同时，点选要排除的图形就可以了。

2. 窗口方式

　　当命令行出现"Select Objects（选择对象）:"提示时，如果将点取框移到图中空白地方并按住鼠标左键，命令行会提示：另一角。此时如果将点取框移到另一位置后按鼠标左键，AutoCAD 系统会自动以这两个点取点作为矩形的对角点，确定默认的矩形窗口。如果窗口是从左向右定义的，框内的实体全被选中，而位于窗口外部以及与窗口相交的实体均未被选中（正向选）；若矩形框窗口是从右向左定义的，那么不仅位于窗口内部的对象被选中，而且与窗口边界相交的对象也被选中。视觉上从左向右定义的框是实线，从右向左定义的框是虚线（反向选）。

3. 组方式

　　将若干个对象编组，当提示"Select Objects:"时，键入"G"（group）后点击【Enter】键，接着命令行出现"输入组名:"，在此提示下输入组名后点击【Enter】键，那么所对应的图形均被选取，这种方式适用于那些需要频繁进行操作的对象。另外，如果在"Select Objects（选择对象）:"提示下，直接选取某一个对象，则此对象所属的组中的物体将全部被选中。

　　可通过在图层控制栏中点选图层名的方法来选择同一图层的实体。这就要求在绘制图形时，将相同属性的对象放置在一个图层中。

　　以上内容只是 AutoCAD 选择命令中一部分，大家要在使用时多加注意并不断积累经验，在不同的情况下，根据不同的选择对象采用适合的选择方法，有时候要把几个命令综合运用，这样才能提高绘图效率。

第二节　AutoCAD 的绘图环境

　　AutoCAD 是按照 1:1 的比例绘图的，单位也自定义为毫米（mm）。一般情况下，不用担心单位与图形界限的问题，但合理的设置，可以提高绘图效率，特别是打印时方便控制比例，所以建议在绘图前对单位和图形界限进行设置。

一、绘图前的设置

（1）选择菜单"格式"→"单位"，或者在命令行输入"units"并按【Enter】键，会出现"图形单位"对话框，可对长度、角度、精度等进行设置。

（2）选择菜单"格式"→"图形界限"，或者在命令行输入"limits"并按【Enter】键，会出现"图形界限"对话框，根据命令行的提示，左下角为"（0，0）"，右上角根据需要设定大小，比如"（42000，29700）"。

①设置完成后，打开栅格，栅格显示在整个图形界限中。

②要全屏显示整个图形，在命令行中输入"Z"敲击【Enter】，再输入"A"敲击【Enter】。

③当图形界限打开时，无法在界限以外画图。

二、其他常用设置

1. 使用向导设置

在命令行中输入"startup"，将系统变量设置为"0"，新建文件时会出现"样板"对话框；将系统变量设置为"1"，新建文件时会出现空白的文档。

2. 保存设置

AutoCAD 除了正常的保存命令外，还提供了自动保存和备份文件选项。

（1）自动保存，绘图过程中应该养成随时按【Ctrl】+【S】键的良好习惯，AutoCAD 也提供了自动保存的功能。在菜单栏中选择"工具"→"选项"命令，弹出对话框，选中"打开和保存"选项中的"自动保存"复选框，为自动保存指定一个间隔时间，默认为 10 分钟（从方便和占用系统时间等方面考虑，设 30 分钟较为合理）。

（2）使用备份文件，如果在保存文件时出了问题，可用系统生成的备份文件来恢复。把以文件的".bak"的后缀改成".dwg"，然后直接打开即可。

第三节　AutoCAD 的绘图辅助

一、精度的控制

绘图时要灵活运用 AutoCAD 所提供的绘图工具进行准确定位，可以有效地提高绘图的精确性和效率。在 AutoCAD 中，可以使用系统提供的对象捕捉、对象捕捉追踪等功能，在不输入坐标的情况下快速、精确地绘制图形。

1. 捕捉和栅格

"捕捉"用于设定鼠标光标移动的间距。"栅格"是一些标定位置的小点，起坐标纸的作用，可以提供直观的距离和位置参照。

要打开或关闭"捕捉"和"栅格"功能，可以选择以下几种方法：

➤ 在 AutoCAD 程序窗口的状态栏中，单击"捕捉"和"栅格"按钮。

➤ 按【F7】键打开或关闭栅格，按【F9】键打开或关闭捕捉。

2. 对象捕捉

在绘图过程中要求指定点时，单击"对象捕捉"工具栏中相应的特征点按钮，再把光标移到目标捕捉对象上特征点附近，即可捕捉到相应的对象特征点。

在"辅助绘图"工具栏上单击右键，

图 2-3　"对象捕捉"选项卡和"对象捕捉"工具栏

会出现"对象捕捉"选项卡和"对象捕捉"工具栏（图 2-3）。

提示

对于"对象捕捉"的设置，一般选常用的如端点、圆心、交点、中点等即可。不能全选，否则选择时会相互干扰，造成错误。

3. 对象捕捉追踪和极轴

极轴追踪是按事先给定的角度增量来追踪特征点。而对象捕捉追踪则按与对象的某种特定关系来追踪，这种特定的关系确定了一个未知角度。也就是说，如果事先知道要追踪的方向（角度），则使用极轴

追踪；如果事先不知道具体的追踪方向（角度），但知道与其他对象的某种关系（如相交），则用对象捕捉追踪。极轴追踪和对象捕捉追踪可以同时使用。

4. 正交、动态输入

AutoCAD 提供的正交模式也可以精确定位点，它将定点设备的输入限制为水平或垂直。在 AutoCAD 程序窗口的状态栏中单击"正交"按钮，或按【F8】键，可以打开或关闭正交方式，方便地绘出与当前 x 轴或 y 轴平行的线段。

在"草图设置"对话框的"动态输入"选项卡中，选中"动态提示"选项组中的"在十字光标附近显示命令提示和命令输入"复选框，可以在光标附近显示命令提示。

动态输入经常与相对坐标结合起来，由系统自动选择输入方式。

二、显示的控制

在用 AutoCAD 编辑一些较大图形时，要将一些局部放大缩小以方便绘制和查看，这就要用到 AutoCAD 的显示控制内容。

1. 平移工具

在 AutoCAD 中，"平移"功能通常又称为摇镜，它相当于将一个镜头对准视图，当镜头移动时，窗口中的图形也跟着移动。

➤ 选择"视图"→"平移"命令中的子命令，单击"标准"工具栏中的"实时平移"按钮，或在命令行直接输入"P"快捷键，都可以平移视图。

➤ 选择"视图"→"平移"→"实时"命令，此时光标指针变成一只小手，按住鼠标左键拖动，窗口内的图形就可按光标移动的方向移动。释放鼠标，可返回到平移等待状态。按【Esc】键或【Enter】键退出实时平移模式。

➤ 用带滚轮的鼠标时，可以按下滚轮来移动视图。在按滚轮的同时，还按下【Ctrl】键，会出现操纵杆模式，光标位于图形中心时，视图保持不变，当光标偏离中心时，视图以与偏离距离相关的速度平移，左右上下均可（图 2-4）。

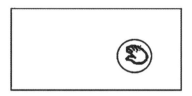 

图 2-4　"平移"命令下的光标形状和"操纵杆"模式下的光标形状

2. 缩放工具

按一定比例、观察位置和角度显示的图形称为视图。在 AutoCAD 中，可以通过缩放视图来观察图形对象。缩放视图可以增加或减少图形对象的屏幕显示尺寸，但对象的真实尺寸保持不变。通过改变显示区域和图形对象的大小更准确、更详细地绘图。

在 AutoCAD 中，选择"视图"→"缩放"命令（ZOOM）中的子命令或使用"缩放"工具栏，可以缩放视图。

3. 视图工具

在绘图时，为了方便编辑，常常需要将图形的局部进行放大，以显示细节。当需要观察图形的整体效果时，仅使用单一的绘图视图已无法满足需要了。使用平铺视图功能，将绘图窗口划分为若干视图。显示方式主要有水平平铺、垂直平铺、层叠、排列四种样式。

三、图层的设置

图层是用户组织和管理图形的重要工具。所有图形对象都具有图层、颜色、线型和线宽这四项基本属性。用户可以使用不同的图层、不同的颜色、不同的线型和线宽绘制不同的对象和元素，方便控制对象的显示和编辑，从而提高绘制复杂图形的效率和准确性。

1. 图层管理

AutoCAD 提供了图层特性管理器，利用该工具用户可以很方便地创建图层以及设置其基本属性。选择"格式"→"图层"命令，或者点选图层工具栏中的 按钮，或者在命令行中输入"La"，按【Enter】键。可打开"图层特性管理器"对话框。

2. 创建新图层

开始绘制新图形时，AutoCAD 将自动创建一个名为"0"的特殊图层。默认情况下，"图层 0"将被指定使用 7 号颜色（白色或黑色，由背景色决定）、Continuous 线型、默认线宽及 normal 打印样式，用户不能删除或重命名该图层。

在"图层特性管理器"对话框中单击"新建图层"按钮，可以创建一个名称为"图层 1"的新图层。默认情况下，新建图层与当前图层的状态、颜色、线性、线宽等设置相同。

3. 设置图层颜色

颜色在图形中具有非常重要的作用，可用来表示不同的组件、功能和区域。每个图层都有自己的颜色，绘制复杂图形时就可以区分不同性质的内容（比如墙体结构、门窗、家具等）。新建图层后，要改变其颜色，可在"图层特性管理器"对话框中单击图层的"颜色"列对应的图标，打开"选择颜色"对话框进行设置。

4. 设置图层线型

线型是指图形基本元素中线条的组成和显示方式，如虚线和实线等。在 AutoCAD 中既有简单线型，也有由一些特殊符号组成的复杂线型，以满足不同国家或行业标准的要求。

在绘制图形时要使用线型来区分图形元素，这就需要对线型进行设置。默认情况下，图层的线型为"Continuous"。要改变线型，可在图层列表中单击"线型"列的"Continuous"，打开"选择线型"对话框，在"已加载的线型"列表框中选择一种线型，然后单击"确定"按钮。

选择"格式"→"线型"命令，打开"线性管理器"对话框，可设置图形中的线型比例，从而改变非连续线型的外观（图 2-5）。

图 2-5 "选择线型"对话框和"加载或重载线型"对话框

5. 设置图层线宽

线宽设置就是改变线条的宽度。在 AutoCAD 中，使用不同宽度的线条表现对象的大小或类型，可以提高图形的表达能力和可读性。

要设置图层的线宽，可以在"图层特性管理器"对话框的"线宽"列中单击该图层对应的线宽"默认"，打开"线宽"对话框，有 20 多种线宽可供选择。也可以选择"格式"→"线宽"命令，打开"线宽设置"

对话框，通过调整线宽比例，使图形中的线宽显示得更宽或更窄。

四、图层的操作

在 AutoCAD 中，使用"图层特性管理器"对话框不仅可以创建图层，设置图层的颜色、线型和线宽，还可以对图层进行更多的设置与管理，如图层的切换、重命名、删除及图层的显示控制等。

1. 设置图层特性

使用图层绘制图形时，新对象的各种特性将默认为随层，由当前图层的默认设置决定。也可以单独设置对象的特性，新设置的特性将覆盖原来随层的特性。在"图层特性管理器"对话框中，每个图层都包含状态、名称、打开 / 关闭、冻结 / 解冻、锁定 / 解锁、线型、颜色、线宽和打印样式等特性。

2. 切换当前层

在"图层特性管理器"对话框的图层列表中，选择某一图层后，单击"当前图层"按钮，即可将该层设置为当前层。

在实际绘图时，为了便于操作，主要通过"图层"工具栏和"对象特性"工具栏来实现图层切换，这时只需要选择将其设置为当前层的图层名称即可。

此外，"图层"工具栏和"对象特性"工具栏中的主要选项与"图层特性管理器"对话框中的内容相对应，因此也可以用来设置与管理图层特性。

3. 控制图层

单击图层工具栏可以设定图层的打开 / 关闭、冻结 / 解冻、锁定 / 解锁、打印 / 不打印等操作。

五、特征的调节

1. "特性"选项板

选中实体后，单击右键选择"特征"，就出现其选项板。对象特性包含一般特性和几何特性，一般特性包括对象的颜色、线型、图层及线宽等，几何特性包括对象的尺寸和位置。可以直接在"特性"选项板中设置和修改对象的特性。

"特性"选项板中显示了当前选择集中对象的所有特性和特性值，当选中多个对象时，将显示它们的共有特性。可以通过它浏览、修改对象的特性。

2. 特征匹配工具面板

特征匹配工具面板是一个非常有用的工具，它可以将选中物体更改为与目标物体相匹配。包含了一个物体（字体、线型、色彩）等一切特征，在修改施工图过程中运用的非常普遍。

第四节　AutoCAD 的二维图形绘制

在 AutoCAD 中，使用"绘图"菜单中的命令，可以绘制点、直线、圆、圆弧和多边形等二维图形。为了使绘图精确，采用了通过键盘输入点的坐标的方法。

一、坐标的概念表达

所有的图形都要通过点的位置来体现，点的坐标可以使用绝对直角坐标、绝对极坐标、相对直角坐标和相对极坐标四种方法表示，其中常用的是相对直角坐标和相对极坐标，它们的特点如下。

相对直角坐标和相对极坐标：相对坐标是指相对于某一点的 x 轴和 y 轴距离或角度。表示方法是在绝对坐标表达方式前加上"@"号，如（@x, y）和（@$a<b$）。其中，相对极坐标中的角度是新点和上一点连线与 x 轴的夹角（图2-6）。

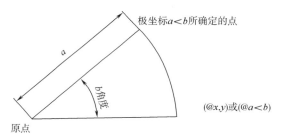

图 2-6 极坐标图示、相对坐标和相对极坐标输入格式

二、二维图形的绘制

1. 掌握直线类图形元素的绘制方法

（1）绘制直线：直线是 AutoCAD 中最基本的图形对象之一。通过直线命令绘制的直线可以是一条线段，也可以是一组相连的线段。按快捷键【L】，单击直线工具按钮或执行"绘图"→"直线"命令。

（2）绘制多段线：多段线由相连的直线段或弧线段组成。使用时单击多段线工具按钮或执行"绘图"→"多段线"命令。

（3）绘制多线：多线是一种特殊类型的直线，它由多条平行直线组成。复合线是一个实体。多线在建筑绘图和工程绘图中使用率较高。输入"Mline"命令可启动复合线命令。多线工具是绘制墙线最便利的方法之一。

命令：Mline

➤ 当前设置：对正 = 上，比例 = 20.00，样式 = STANDARD。

➤ 指定起点或［对正（J）→比例（S）→样式（ST）］。

➤ 对正是指轴线的起点，比例是两根线之间的距离，样式则可以在复合线型对话框中选择。

➤ 选择"修改菜单"→"对象"→"多线"，出现多线编辑工具，选择适合的封口。

2. 掌握正多边形的绘制方法

正多边形命令用于创建闭合的等边多段线，可以由 3 ~ 1024 条直线段组成。当边数为 3 时，绘制出来的图形为正三角形；当边形为 1024 时，绘制出来的图形为圆形。在 AutoCAD 中，可以通过以下两种方法绘制正多边形，一种是内接正多边形，是指正多边形的所有顶点都在圆周上；另一种是外切正多边形，是指正多边形的边与圆周相交。

操作顺序是先选择几条边，再确定多边形的中心，然后选择是内接正多边形还是外切正多边形，最后确定圆的半径。

3. 矩形对象的绘制方法

矩形可以通过指定长宽和旋转角度来确定，其中可以通过设置参数来调整矩形的倒角、圆角和厚度。

4. 掌握曲线对象的绘制方法

（1）绘制样条曲线：样条曲线是一条

通过一系列拟合点的光滑曲线，适用于创建不规则形状的曲线。

（2）绘制圆：在 AutoCAD 中，绘制圆有多种方法。

➤ 圆心确定圆，在该提示下，用户既可直接输入半径值［图 2-7（a）］。

➤ 也可输入直径值［图 2-7（b）］。

➤ 三点确定一个圆［图 2-7（c）］。

➤ 直径上的两点确定圆［图 2-7（d）］。

➤ 由两个切点和半径确定一个圆［图 2-7（e）］。

| (a) 圆心和半径确定圆 | (b) 圆心和直径确定圆 | (c) 三点确定一个圆 | (d) 直径上的两点确定圆 | (e) 由两个切点和半径确定一个圆 |

图 2-7　圆的绘制

（3）绘制圆弧：圆弧可以看成是圆的一部分，圆弧不仅有圆心和半径，而且有起点和端点。因此，可以通过确定圆弧的圆心、半径、起点、端点、角度、方向或弦长等参数来绘制圆弧。

（4）绘制椭圆与椭圆弧：椭圆的形状由定义其长度和宽度的两条轴决定。较长称为长轴，较短称为短轴。使用时单击"绘图"工具栏中按钮或执行"绘图"→"椭圆"命令，即可绘制椭圆或椭圆弧。

（5）绘制圆环：圆环是由宽弧线段组成的闭合多段线。具体画法是先确定内径，再确定外径，在圆环内填充图案的方式取决于"FILL"选项板系统变量的当前设置。

5. 掌握点对象的绘制方法

（1）设置点样式及大小：执行"格式"→"点样式"命令，将弹出"点样式"对话框。对话框中提供了常用的点样式，用鼠标单击选中一种样式，在"点大小"后面的文本框中输入点的显示尺寸，然后单击"确定"即可设置点样式以及大小。

（2）创建点标记：

➤ 创建单个点：点作为节点在对象捕捉和相对偏移时非常有用。

➤ 定距等分点：定距等分命令可以将点对象或块在所选择的对象上以指定的间隔进行平均放置。使用时执行"绘图"→"点"→"定距等分"命令。

➤ 定数等分点：定数等分命令可以将点对象或块沿对象（可定数等分的对象包括圆弧、圆、椭圆、椭圆弧、多段线和样条曲线等）的长度或周长等间隔排列。使用时执行"绘图"→"点"→"定数等分"命令。

实践操作：用定数等分绘制的平行线。

➤ 在命令行中输入"Ploygon"（正多边形）命令，按【Enter】键。

➤ 首先用"line"命令画一条长 100 的线段。

➤ 输入"divide"（定数等分）命令，按【Enter】键。

➤ 选择目标定数等分的线段，按【Enter】键。

➤ 输入线段数目或［块（B）］：6，按【Enter】键，把线段分成 6 段（用选框选择线段，可见线段上的蓝色标记点），若要对点进行操作，就要在对象捕捉中设置节点捕捉，如图 2-8 所示。

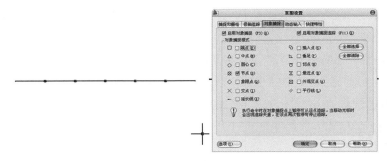

图 2-8　定数等分线段

然后用直线工具（Line）在节点捕捉的帮助下画线，完成后的平行线如图 2-9 所示。

图 2-9　完成后的平行线

6. 掌握图案填充区域的方法

在绘制室内设计图时会遇到这种情况，比如表现物体的材质或物体的剖面时，需要使用图案来填满指定区域，这个过程称为图案填充。

在 AutoCAD 中，可以用填充图案或渐变填充来填充一个封闭区域或选定的对象，也可以在封闭区域内指定点，或者选择指定对象作为边界，然后使用填充图案、实体颜色或渐变色填充这些边界。

（1）选择绘图工具栏中的图标或快捷键【H】，弹出"边界图案填充"对话框，可以对填充图案的样式、比例和角度进行设置。

（2）选择的方法：

➤ 拾取点：通过在闭合边界物体内部选择。

➤ 选择物体：通过点选物体或"Crossing Windows"选择物体，物体不一定是闭合的。

提示

如果对一个具有关联性填充图案进行移动、旋转、缩放和分解等操作，该填充图案与原边界不再具有关联性。如果对其进行复制或带有复制性的镜像、阵列等操作，则该填充图案本身仍具有关联性，而其拷贝则不具有关联性。

三、二维图形的编辑

1. 位置移动

在图形编辑中，最基本的操作就是复制、移动与删除操作。

（1）复制分为图形内复制和利用剪切板进行复制：

①用于在图形内创建对象的副本。可以指定基点和第二位移点复制对象。使用时可单击按钮或执行"修改"→"复制"命令，或使用右键快捷菜单中的"复制"选项，命令行中会显示提示信息，复制的技巧有很多，其中最常用的是按基点复制和多重复制。

②利用剪切板进行复制是常见的复制/粘贴功能，主要用于图形与图形之间进行复制。另外还有一些操作技巧：

➤ 注意 COPY 命令的普通复制和指定基点后复制在使用上的不同。

➤ 在同一图形文件中，如果复制后的图形按一定规律排列，如形成若干行若干列，或者沿某圆周（圆弧）均匀分布，则应选用 ARRAY（阵列）命令。

➤ 在同一图形文件中，要生成多条彼此平行、间隔相等或不等的线条，或者生成一系列同心椭圆（弧）、圆（弧）等，则应选用 OFFSET（偏移）命令。

➤ 如果是同一图形文件，如果需要复制的数量相当大，为了减少文件的大小，或便于日后统一修改，则应把指定的图形用 BLOCK 命令定义为块，再选用 INSERT 或 MINSERT 命令将块插入即可。

➤ 在多个图形文档之间复制图形，可采用两种办法。其一，使用命令操作。先在打开的源文件中使用复制将图形复制到剪贴板中，然后在目标文件中用粘贴将图形复制到指定位置；其二，用鼠标直接拖拽被选图形。

提示

在同一图形文件中拖拽只能是移动图形，而在两个图形文档之间拖拽才是复制图形。拖拽时，鼠标指针一定要指在选定图形的图线上而不是指在图线的夹点上。

（2）移动、旋转和对齐对象：

①移动对象：移动命令用于在指定方向上按指定的距离移动对象，使用时可单击移动按钮或执行"修改"→"移动"命令，命令行中显示提示信息，提示内容与复制命令的提示内容基本相同。

②旋转对象：旋转（Rotate）命令用于绕指定点旋转对象，使用时单击旋转按钮或执行"修改"→"旋转"命令，旋转时可确定基点和选择带复制功能。

③镜像：镜像命令用于创建对象的镜像图像。使用时单击按钮或执行"修改"→"镜像"命令，根据提示信息指定镜像轴线，再选择是否保留原物体。

当镜像对象包含文字时，对文字机械操作会出现反向文字的不佳效果，这可以对系统变量 mirrtext 的值进行来更正，在命令栏中输入 mirrtext 对后面的数字进行修改，如图 2-10 所示。

镜像　　　　　镜像　　　　　镜像
mirrtext 为 0 时的镜像　　源对象　　mirrtext 为 1 时的镜像

图 2-10　对 mirrtext 修改后镜像效果

提示

旋转、镜像、阵列等命令也带有复制的性质，可在基点确定后的操作中选择。

2. 比例调整

在绘图过程中，有时需要将对象调整大小以便于应用，用拉伸、缩放、延伸和拉长命令可以方便地修改对象的尺寸，下面分别介绍这些命令的使用方法。

（1）拉伸对象：拉伸命令用来调整对象大小，使其在一个方向上按比例增大或缩小。使用时单击工具按钮或执行"修改"→"拉伸"命令，提示信息说明此时只能以交叉窗口方式或交叉多边形方式选择对象。AutoCAD 将位于选择窗口之内的对象进行移动；将与窗口边界相交的对象按规则拉伸、压缩或移动。

（2）比例缩放对象：比例缩放对象命令用在 x、y 和 z 方向按比例放大或缩小对象。使用时可单击按钮或执行"修改"→"缩放"命令，通过输入比例因子放大、缩小对象，比例因子基数为"1"。

比例缩放另一个重要的功能就是参照模式，可以按照指定尺寸来缩放对象。

实践操作：用参照模式来缩放对象。

➤ 在命令行中输入"rectang"（矩形命令），绘制一个边长为300mm的正方形，点击【Enter】键。

➤ 在命令行中输入"sc"（比例缩放命令），点击【Enter】键。

➤ 选择对象：选择"正方形"，点击【Enter】键。

➤ 指定基点，点击【Enter】键。

➤ 指定比例因子或［复制（C）→参照（R）］<1.0000>：R，选择"参照模式"，点击【Enter】键。

➤ 指定参照长度 <600.0000>：300mm，原正方形边长，点击【Enter】键。

➤ 指定新的长度或［点（P）］<600.0000>：100，指定缩放边长为100，点击【Enter】键；效果如图2-11所示。

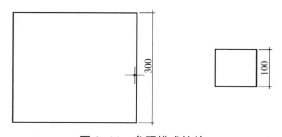

图2-11　参照模式缩放

（3）延伸对象：延伸命令用于通过缩短或拉长，使对象与其他对象的边相接。可被延伸的对象包括：圆弧、椭圆弧、直线、开放的二维多段线和三维多段线以及射线。使用时可单击按钮或执行"修改"→"延伸"命令，延伸命令可以通过栏选方式，提高绘图效率。在提示栏出现"［栏选（F）→窗交（C）→投影（P）→

边（E）→放弃（U）］：选择F"的提示，再画线将目标延伸的对象全部选中，结果如图2-12所示。

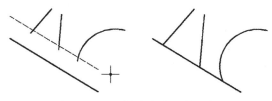

图2-12　用栏选方式延伸对象

（4）拉长对象：用于改变圆弧的角度，或改变非闭合对象的长度，包括直线、圆弧、非闭合多段线和样条曲线。使用时执行"修改"→"拉长"命令。

3. 形体修改

（1）修剪对象：通过修剪对象，可以使对象精确地终止于由其他对象定义的边界。剪切边可以是直线、圆弧、圆、多段线、椭圆、样条曲线等。使用时可单击按钮或执行"修改"→"修剪"命令，先单击剪切边，再单击目标修剪边即可。修剪命令和延伸命令一样也可以通过栏选方式，提高绘图效率。

（2）打断对象：使用打断功能可删除对象上的某一部分或把对象分成两部分。"修改"工具栏中按钮用于从某点把对象一分为二；而工具用于删除对象上的一部分。进入打断命令，选择对象的同时把选择点作为第一打断点，接下来指定第二打断点或输入"F"重新指定第一打断点和第二打断点。如图2-13所示。

（3）分解对象：分解命令用于将合成对象分解为其部件对象。例如，一个矩形就是由四条线段构成的合成对象，块也是一个合成对象。使用时可单击按钮或执行"修改"→"分解"命令，选择目标分解对象并按【Enter】即可。

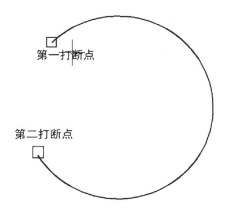

图 2-13 打断圆时，打断方向是逆时针

（4）编辑多段线：编辑多段线命令的图标位于"修改 II"工具栏示。可以通过闭合和打开多段线，以及移动、添加或删除单个顶点来编辑多段线。可以在任何两个顶点之间拉直多段线，也可以切换线型以便在每个顶点前或后显示虚线。可以为整个多段线设置统一的宽度，也可以分别控制各个线段的宽度。

（5）编辑多线：编辑多线命令（Mledit）是通过添加或删除顶点，并且控制角点接头的显示来编辑多线。使用时执行"修改"→"对象"→"多线"命令，进入如下图所示的"多线编辑工具"对话框，选择合适的编辑工具，单击"确定"后选择目标编辑的多线即可。如图 2-14 所示。

（6）编辑样条曲线：编辑样条曲线命令可以编辑定义样条曲线的拟合点数据；可将开放样条曲线修改为连续闭合的环；可修改样条曲线方向和样条曲线阶数。使用时单击"修改 II"工具栏中按钮或在命令中输入"Splinedit"命令。

（7）倒直角：倒角命令用于在两条非平行线之间创建直线。使用时单击按钮或执行"修改"→"倒角"命令。执行倒角

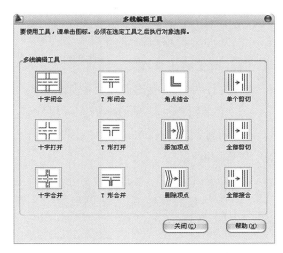

图 2-14 "多线编辑工具"对话框

命令后，选择提示中的"D"（距离）项，输入第一个和第二个倒角距离，选择倒角直线即可将对象倒角。

（8）倒圆角：圆角命令就是通过一个指定半径的圆弧来光滑地连接两个对象。可以用圆角命令的对象包括两段圆弧、圆、椭圆弧、直线、多段线、射线、样条曲线或构造线等二维对象。另外，也可为三维实体加圆角。使用时单击按钮或执行"修改"→"圆角"命令。

（9）编辑图案填充：AutoCAD 中提供了方便的编辑图案填充的方法，因为默认情况下，系统创建的都是关联图案填充，也就是说，改变边界对象时，关联图案会自动调整以适应边界的变化。但是，如果用户移动、删除了原边界对象、孤岛或图案，将造成图案与原边界对象之间失去关联。删除填充图案：选择填充区域内部点，按【Delete】键即可将其删除。

四、二维图形的标注

通过学习，同学们应掌握各种类型尺寸标注的方法，其中包括长度尺寸、半径、

直径、圆心、角度、引线和形位公差等；另外需掌握编辑标注对象的方法。

1. 尺寸标注原则

在标注尺寸时应遵循以下原则：

➢ 图上所标注的是形体的实际尺寸。

➢ 所标尺寸均以 mm 为单位，但不写出，如 1000、86。

➢ 每一个尺寸只标注一次。

➢ 应尽量将尺寸标注在图形之外，不与视图轮廓线相交。

➢ 尺寸线要与被标注的轮廓线平行，从小到大、从里向外标注，尺寸界线要与被标注的轮廓线垂直。

➢ 尺寸数字要写在尺寸线上方。

➢ 尺寸线尽可能不交叉，符合加工顺序。

➢ 尺寸线不能标注在虚线上。如图 2-15 所示。

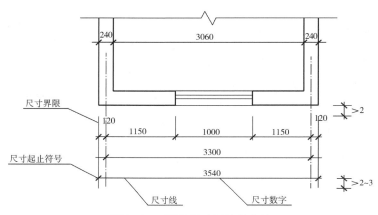

图 2-15　通常尺寸标注的方法

2. 标注类型

（1）线性标注：选择"标注"→"线性"命令，或在"标注"工具栏中单击"线性"按钮，可创建用于标注用户坐标系 x、y 平面中的两个点之间的距离测量值，并通过指定点或选择一个对象来实现，效果如图 2-16 所示。

（2）对齐标注：选择"标注"→"对齐"命令，或在"标注"工具栏中单击"对齐"按钮，可以对对象进行对齐标注。对齐标注是线性标注尺寸的一种特殊形式。如果对倾斜直线进行标注，那么使用线性标注方法将无法得到准确的测量结果，这时可以使用对齐标注，效果如图 2-16 所示。

（3）弧长标注：选择"标注"→"弧长"命令，或在"标注"工具栏中单击"弧长"按钮，可以标注圆弧线段或多段线圆弧线段部分的弧长。

（4）连续标注选择"标注"→"连续"命令，或在"标注"工具栏中单击"连续"按钮，可以创建一系列端对端放置的标注，每个连续标注都从前一个标注的第二个尺寸界线处开始。在进行连续标注之前，必须先创建（或选择）一个线性、坐标或角度标注作为基准标注，以确定连续标注所需要的前一尺寸标注的尺寸界线，然后执行 DIMCONTINUE 命令。

（5）基线标注：选择"标注"→"基线"命令，或在"标注"工具栏中单击"基线"按钮，可以创建一系列由相同的标注原点测量出来的标注。

（6）选择"标注"→"半径"命令，

或在"标注"工具栏中单击"半径"按钮，可以标注圆和圆弧的半径。执行该命令，并选择要标注半径的圆弧或圆，此时命令行提示如下信息：

➢ 指定尺寸线位置或 [多行文字（M）→文字（T）→角度（A）]。

➢ 当指定了尺寸线的位置后，系统将按实际测量值标注出圆或圆弧的半径。也可以利用"多行文字（M）""文字（T）"或"角度（A）"选项，确定尺寸文字或尺寸文字的旋转角度。其中，当通过"多行文字（M）"和"文字（T）"选项重新确定尺寸文字时，只有给输入的尺寸文字加前缀"R"，才能使标出的半径尺寸有半径符号"R"，否则没有该符号。

（7）选择"标注"→"折弯"命令，或在"标注"工具栏中单击"折弯"按钮，可以折弯标注圆和圆弧的半径。该标注方式与半径标注方法基本相同，但需要指定一个位置代替圆或圆弧的圆心，效果如图 2-16 所示。

（8）选择"标注"→"直径"命令，或在"标注"工具栏中单击"直径标注"按钮，可以标注圆和圆弧的直径，效果如图 2-16 所示。

直径标注的方法与半径标注的方法相同。当选择了需要标注直径的圆或圆弧后，直接确定尺寸线的位置，系统将按实际测量值标注出圆或圆弧的直径。

（9）选择"标注"→"角度"命令，或在"标注"工具栏中单击"角度"按钮，都可以测量圆和圆弧的角度、两条直线或三点间的角度，效果如图 2-16 所示。

（10）选择"标注"→"快速标注"命令，或在"标注"工具栏中单击"快速标注"按钮，可以快速创建成组的基线、连续、阶梯和坐标标注，标注多个圆、圆弧，以及编辑现有标注的布局。使用该命令可以进行"连续（C）""并列（S）""基线（B）""坐标（O）""半径（R）"及"直径（D）"等一系列标注。

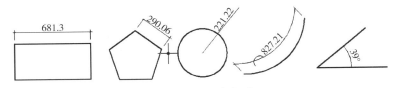

图 2-16　标注类型

3. 标注样式的设置

选择"格式"菜单中的"标注样式"，就会出现"标注样式管理器"对话框，单击"新建"，就可以建立一个自己的标注样式，通过其中的线、符号和箭头、文字、调整、主单位、换算单位、公差进行设置，完成后，单击"置于当前"，就把这个样式设置为默认样式了。标注的修改方法如下：

（1）对于已有标注的编辑，常规方法是在"标注"菜单中进行。

➢"标注样式管理器"中的"修改面板"，方法与新建标注样式差不多。

➢ 替代标注：选择"标注"→"替代"命令，可以临时修改尺寸标注的系统变量设置，并按该设置修改尺寸标注。该操作只对指定的尺寸对象作修改，并且修改后不影响原系统的变量设置。

➢ 更新标注：选择"标注"→"更新"命令，或在"标注"工具栏中单击"标注更新"按钮，都可以更新标注，使其采用当前的标注样式。

➢ 尺寸关联：尺寸关联是指所标注尺寸与被标注对象有关联关系。如果标注的尺寸值是按自动测量值标注，且尺寸标注是按尺寸关联模式标注的，那么改变被标注对象的大小后，相应的标注尺寸也将发生改变，即尺寸界线、尺寸线的位置都将改变到相应新位置，尺寸值也改变成新测量值。反之，改变尺寸界线起始点的位置，尺寸值也会发生相应的变化。

（2）在 AutoCAD 中，对于单个标注的修改有了更方便的方法，那就是"特征"选项板，如图 2-17 所示。

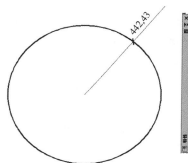

图 2-17　圆的标注和对应的"特征"选项板

五、文字表格的创建

1. 文字标注

文字是工程图中不可缺少的一部分。它可以对图形中不便于表达的内容加以说明，使图形更清晰、更完整。

（1）添加文字：在 AutoCAD 中，可以通过两种命令给图形文件添加文字：单行文字（DTEXT）和多行文字（MTEXT）命令。

（2）设置文字样式：文字样式是文字的一组相关属性的设置，这些设置可以应用于用 DTEXT 和 MTEXT 命令标注的文字上。这些设置包括文字高度、字体等属性的设置，另外还提供了文字的特殊效果，如宽度比例和倾斜角度等设置。

执行"格式"→"文字样式"，在弹出的对话框后进行设置。

（3）使用单行文本：单行文字（DTEXT）命令可以在键入文字时动态地显示文字。使用时单击"文字"工具栏中按钮或选择"绘图"→"文字"→"单行文字"菜单，命令行显示提示的信息。

默认情况下，通过指定单行文字行基线的起点位置创建文字。系统显示"指定高度"提示信息，要求指定文字高度。

在"指定文字的起点或［对正（J）→样式（S）］："提示信息后输入"J"，可以设置文字的排列方式。系统为文字提供了多种对正方式。

（4）使用多行文字："多行文字"又称为段落文字，是一种更易于管理的文字对象，可以由两行以上的文字组成，而且各行文字都是作为一个整体处理。选择"绘图"→"文字"→"多行文字"命令，或在"绘图"工具栏中单击"多行文字"按钮，然后在绘图窗口中指定一个用来放置多行文字的矩形区域，打开"文字格式"工具栏和文字输入窗口。可以设置多行文字的样式、字体及大小等属性。

使用"文字格式"工具栏，可以设置文字样式、文字字体、文字高度、加粗、倾斜或加下划线效果。

（5）编辑文字：要编辑单行文字，双击输入的文字，或选择"修改"→"对象"→"文字"→"编辑"命令，并单击创建的文字，打开文字编辑窗口，然后参照文字的设置方法，修改并编辑文字。编辑多行文字的方法与单行相同，可以在绘图窗口中双击输入的多行文字，或在输入的多行文字上右击，从弹出的快捷菜单中选择"重复编辑多行文字"命令或"编辑多行文字"命令，打开多行文字编辑窗口，然后进行修改。使用"特征"选项板编辑单行或多行文字，方法与用"特征"选项板中的修改标注相同，这里不再赘述。

2. 创建和管理表格样式

AutoCAD 中的表格主要是为图纸目录及灯具、家具、水卫、电气设备表格等提供绘制方便。

（1）新建表格样式：选择"格式"→"表格样式"命令，打开"表格样式"对话框。单击"新建"按钮，可以使用打开的"创建新的表格样式"对话框创建新表格样式。在"新建表格样式"对话框中，可以使用"数据""列标题"和"标题"选项卡分别设置表格的数据、列表题和标题对应的样式。

（2）插入表格：选择"绘图"→"表格"命令，打开"插入表格"对话框。在"表格样式设置"选项组中，可以从"表格样式名称"下拉列表框中选择表格样式，或单击其后的按钮，打开"表格样式"对话框，创建新的表格样式。在该选项组中，还可以在"文字高度"下面显示当前表格样式的文字高度，在预览窗口中显示表格的预览效果。在"列和行设置"选项组中，可以通过改变"列""列宽""数据行"和"行高"

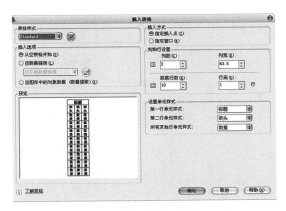

图 2-18　"插入表格"对话框

中的数值来调整表格的外观大小，效果如图 2-18 所示。

（3）管理表格样式：在 AutoCAD 中，还可以使用"表格样式"对话框来管理图形中的表格样式。在该对话框的"当前表格样式"后面，显示当前使用的表格样式（默认为 Standard）；在"样式"列表中显示了当前图形所包含的表格样式；在"预览"窗口中显示了选中表格的样式；在"列出"下拉列表中，可以选择"样式"列表是显示图形中的所有样式，还是正在使用的样式。

从表格的快捷菜单中可以看到，可以对表格进行剪切、复制、删除、移动、缩放和旋转等简单操作，还可以均匀调整表格的行、列大小，删除所有特性替代。当选中表格后，在表格的四周、标题行上将显示许多夹点，也可以通过拖动这些夹点来编辑表格。

思考与练习

➢ 做好绘图前的准备，完成从设置单位绘图界限到图层中的线型等全部内容。

➢ 绘制室内设计中的常用图块，如家具、灯具、洁具、厨具、门窗等，包括尺寸标注和文字说明，一定要尺寸精确，造型完整，为下一章节绘制完整的室内设计施工图做准备。

室内设计施工图训练

课题名称： 室内设计施工图训练

课题内容： 室内设计施工图绘制思路和技巧

室内设计平面图绘制训练

室内设计顶面图绘制训练

室内设计立面图绘制训练

室内设计其他施工图绘制训练

课题时间： 12 课时

教学目标： 本章主要目的是希望通过对实际案例的演示，让学生了解施工图的绘制流程。学生在学习的过程中，除了要熟悉 AutoCAD 常用命令和遵循施工图绘制的规范之外，为了提高绘图速度，还需要掌握一些绘图技巧。

教学重点： 主要介绍二维图形绘制住宅室内设计的平面图、立面图、剖面、照明系统图、给排水系统图等施工图的方法。演示讲解从始至终贯穿"应用"二字，包括室内施工图中的各项符号、标识，以及室内装饰设计中的各项注意事项、规范、设计表达及要求、施工表单等。

教学方式： 上机操作结合多媒体课件演示。

第三章 室内设计施工图训练

第一节 室内设计施工图绘制思路和技巧

室内设计施工图的绘制一般是按平面图→顶面图→立面图→详图的流程来进行的。具体是：先上后下，先左后右；先画水平线，后画垂直线或倾斜线；先画曲线，后画直线。以平面图为例（绘图先对应各自图层）。

➤ 绘制所有定位轴线，然后画出墙、柱轮廓线。

➤ 确定门窗的位置，再添加楼梯、隔断、家具等。

➤ 填充地面材质。

➤ 标注轴线编号、标高尺寸、内外部尺寸、门窗编号、索引符号以及其他文字说明。还要绘制图表、符号以及在适当的位置标明指北针，以表明方位。在平面图下方写出图名及比例等。

一、室内设计施工图绘制要求

利用计算机辅助室内设计绘图的最终目的是要将设计思想或者设计内容表达出来。而图纸，就是一种直观、准确、醒目、易于交流的表达形式。施工图是为了给施工人员和专业设计师看的，要求易于不同专业间交流和便于施工，所以施工图纸应该具有以下特征：规范、清晰、精确、高效。

➤ 规范：施工图要在建筑、室内、结构、电器、暖通等各专业之间交流，所以就必须有统一的国家规范，不只针对本专业，而且要适合整个系统和团队。涉及具体画法，以及线宽、标注等绘图要素。

➤ 清晰：图纸看上去要一目了然，分清墙、窗、管线、设备等；尺寸标注、文字说明等要明确，互不重叠。图纸打印出来要很清晰（主要是线型和线宽），在显示器上也如此（主要是线型和线色）。图面清晰也是为了提高绘图效率。

➤ 精确：精确不单单是表现在尺寸上，而且应该体现在线型、材质、标注及细节样式等方面。制图准确不仅是为了好看，更重要的是可以直观的反映设计问题和尺度关系，对提高绘图速度有重要的影响，特别是在图纸修改的时候。

➤ 高效：绘图迅速是设计工作中的一

大优势，但前提要保证质量，在真正的设计项目过程中，可能全套图纸一个晚上就要赶出来，之后还要快速地修改，这就要求养成良好的作图习惯和利用快捷键。

二、制图注意事项

（1）层次分明：图层就像是透明的覆盖图，运用它可以很好地组织不同类型的图形信息。为不同类型的图元对象设置不同的图层、颜色及线宽，而图元对象的颜色、线型及线宽都应由图层控制。视图、图层、线型、文字样式、打印样式等命名时不仅要简明，而且要遵循一定的规律，以便于查找和使用。

（2）粗细清楚：使用线宽，可以用粗线和细线清楚地展现出部件的截面，标高的深度，尺寸线以及不同的对象厚度。室内施工图最起码要设定粗、中、细、虚等四种以上的线宽。

（3）绘图严谨：图案填充要特别注意，构成阴影区域边界的实体必须在它们的端点处相交，也就是说要封闭，否则会产生错误的填充。

（4）标注规范：文字是工程图中不可缺少的一部分，比如尺寸标注文字、图纸说明，注释、标题等，文字和图形共同表达完整准确的设计思想。

（5）特殊字符的处理：实际绘图中常需要输入一些特殊字符，如角度标志，直径符号等。有些要利用 AutoCAD 提供的控制码来输入。另一些特殊字符,如"τ""α""δ"等希腊字母的输入，要用到 MTEXT 命令的"其他"选项，拷贝特殊字体的希腊字母，再粘贴到书写区，操作中需注意字体的转换等。

（6）绘图尺寸输入始终使用 1：1 比例。为改变图样的大小，可在打印时于图纸空间内设置不同的打印比例。

（7）使用快捷键：AutoCAD 为一些比较常用的命令或菜单项定义了快捷键，使用命令快捷键以及滚轮可以提高绘图效率（快捷键参见附录）。

三、模型空间和图纸空间的作用

一般来说，模型空间是一个三维空间，主要用来绘制零件和图形的几何形状，设计者一般在模型空间完成其主要的设计构思；而图纸空间是用来将几何模型表达到工程图上用的，专门用来出图；图纸空间是一种图纸空间环境，它模拟图纸页面，提供直观的打印设置。在图纸空间中可以创建并放置视口对象，还可以添加标题栏或其他几何图形。可以在图形中创建多个布局以显示不同视图，每个布局可以包含不同的打印比例和图纸尺寸。布局显示的图形与图纸页面上打印出来的图形完全一样。

第二节　室内设计平面图绘制训练

整个学习过程应采用循序渐进的方式，使用命令时始终要与实际应用相结合，不要把主要精力花费在各个命令孤立的学习上，要使自己对绘图命令有深刻和形象的理解，有利于培养自己应用 AutoCAD 独立完成绘图的能力。

经常上机实验能使我们更加深入地理解、熟练 AutoCAD 的命令。加强综合实例练习，分别详细地进行图形的绘制，从全局的角度掌握整个绘图过程。

一、绘图准备

1. 文档的建立和设置

打开 AutoCAD 程序，首先进行新建文件使用向导设置，在命令行中输入 startup，将系统变量设置为"0"，新建文件时会出现"样板"对话框；如果将系统变量设置为"1"，新建文件时会出现空白的文档。

2. 依次设置项目

单位、角度、角度测量、角度方向和区域，如需要可以修改参数，但一般情况保留默认值即可。

3. 选择界面

进入程序后，单击工具栏的 ⚙ 切换工作空间按钮，在弹出的菜单中选择"AutoCAD 经典"命令进入经典工作空间，这个界面适合二维施工图的绘制，而且和以前的版本有很好的兼容性。

4. 设置绘图单位与图形界限

具体参照第二章第二节。完成后按【Z】键盘功能键，再按空格键，工作面板出现"实时"按【A】键盘功能键，再按【Enter】键，就完成了尺寸的调整。

5. 图层设置

图层工具是施工图提高绘图效率的重要手段，规范的图层设置可以分清对象的不同类型，隐藏和冻结，也可以方便选择。

所以在初次绘图时，一定要自己设置一次图层，以后可以一直沿用。

一般可以设置 6~7 个图层，分别是轴线、墙线、门窗、家具线、标注、填充线等，设图层时先选颜色、后定线型、再设线宽。线型和线宽设置要符合国家标准规范。颜色设置主要是视觉习惯和明确程度，比如说轴线一般用浅色，如灰色（253），选择不可打印，墙线用白色或黄色等较鲜明的颜色。

二、定位轴线

正式开始绘图时第一步通常是轴线，给图形的绘制提供了一个坐标的基准。

首先根据草图的尺寸估算一下所需的轴线范围，选择"绘图"→"矩形"命令，绘制出一个大小适宜的矩形，如果此时得到的矩形无法在图形中正常显示，则选择"视图"→"缩放"→"全部"命令，将窗口自动缩放到显示出全部的图形对象。

然后，插入定位轴线图块（使用创建块 🔧 命令完成）。

将第一条定位纵轴线插入到如图 3-1（a）所示的位置上。

单击选择定位轴线，选择拉伸动作的关键点，进行拖动，开启"极轴"功能，找到垂直向上并且与矩形框上边线相交的点，在图中将会显示提示为"垂足"，如图 3-1（a）所示，单击"确定"，就将定位轴线拉长到如图 3-1（b）所示的位置。

重复前面的步骤，得到第 2 条轴线，且圆圈之内的编号为 2，下面再使用同样的方法，将第 2 条轴线拉长到矩形框上边线的位置。将纵向的全部轴线都插入。并且将其中的②⑦号轴线进行一定的移位和拉

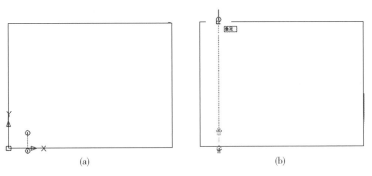

(a)　　　　　　　　　　　　(b)

图 3-1　插入第一条定位轴线和拉伸定位轴线

伸，避免与①⑥号轴线的文字发生干扰。

　　按照前面类似的方法，创建一个横向轴线的图块，并且在图形中插入各条横向轴线，编号分别为Ⓐ、Ⓑ、Ⓒ等，插入完成后删除作为辅助线的矩形，最终得到的图形如图 3-2 所示。

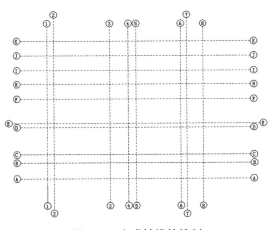

图 3-2　完成轴线的绘制

　　为了避免在图形文件中存在的冗余信息，浪费程序处理资源，需要对使用过的块进行清理。选择"工具"→"块编辑器"命令，打开"编辑块定义"对话框，就可以看到目前程序文件中已经定义的块，除了使用中的"横轴线"和"纵轴线"两个块之外，还有冗余的块定义。

　　选择"文件"→"绘图实用程序"→"清理"

命令。选择其中的"块"项目，然后单击"清理"按钮，系统弹出提示框，询问是否删除某个冗余的块定义，单击"是"按钮，完成对块定义的清理。然后选择全部的定义轴线，在"图层"工具栏下的下拉列表中选择"轴线"图层，将全部轴线都移动到"轴线"图层中，完成效果如图 3-3 所示。

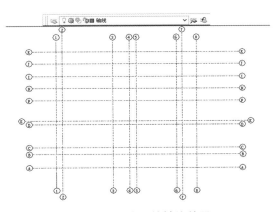

图 3-3　完成后的轴线效果

三、绘制墙线

　　首先点击"图层"工具下拉菜单，将当前层设成墙体。利用轴线绘制墙线一般有两种方法。

1. 利用轴线用复制或偏移

　　两边各 120mm，墙厚就是 240mm（结构墙），内墙两边各 60mm，墙厚 120mm。

墙体全部画好后，再运用延伸和修剪命令进行调整，达到最后的效果（绘制比较繁琐，但易于后期修改）。

2. 使用多线命令来绘制墙线

选择"绘图"→"多线"，或输入"Ml"，按以下提示操作：

➢ 命令：Mline。

➢ 当前设置：对正 = 上，比例 =20.00，样式 =STANDARD。

➢ 指定起点或［对正（J）→比例（S）→样式（ST）]st（输入"st"并按确定键，修改样式）。

➢ 输入多线样式名或墙体（新建样式名称）。

➢ 指定起点或［对正（J）→比例（S）→样式（ST）] s。

➢ 输入多线比例或 20.00、240（将比例改成墙厚）。

➢ 指定起点或［对正（J）→比例（S）→样式（ST）]j（确定修改对正参数）。

➢ 输入对正类型［上（T）→无（Z）→下（B）]z（选择无，代表将轴线作为中心）。

➢ 指定起点或［对正（J）→比例（S）→样式（ST）]。

➢ 墙体线的形式复杂，需要通过绘制多条线才可以完成，最终得到如图 3-4 所示的图形。

然后选择"绘图"→"圆弧"→"三点"命令，在图形中的两个位置绘制圆弧。因为圆弧是墙体，所以需要绘制两条圆弧，或者绘制出一条之后使用偏移命令生成另一条。

在"图层"工具栏中的"轴线"图层项中单击"🔆"（灯泡）图标。灯泡图标变为暗色，轴线层不会在工作界面中显示出来。隐藏轴线层的显示是为了避免墙体

线的显示和编辑受到轴线的干扰。由于绘制过程中多线并不是连续的一条，因此会出现如图 3-5 所示的连接处没有封口的现象，而墙体线应该是完全封闭的。

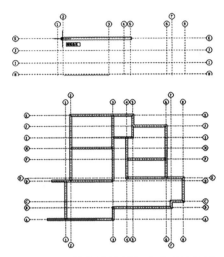

图 3-4　开始多线绘制和完成后的效果

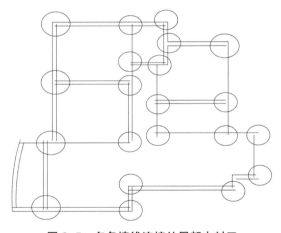

图 3-5　多条墙线连接处局部未封口

选择"修改"→"对象"→"多线"命令，系统弹出如图 3-6（a）所示的"多线编辑工具"对话框，选择其中通过图示给出的修改方法，就可以对多线进行编辑。例如，单击对话框中的"T 形合并"图标，然后先后选择如图 3-6（b）的样式，完成封闭效果。

按照上面的方法，将图形中多线的连

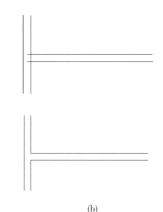

(a)   (b)

图 3-6 "多线编辑工具"对话框和编辑过程

接处——进行修剪。如果多线绘制不是非常规则，使用"多线编辑工具"对话框中的任何命令都无法达到效果。就选择"修改"→"分解"命令，将多线分解为直线对象，然后使用"修改"→"修剪"命令，对图形对象进行修剪，最后将线的宽度设置为 0.35mm，效果如图 3-7 所示。为以后调用方便，选择完整的墙体线对象，将其定义为一个块。

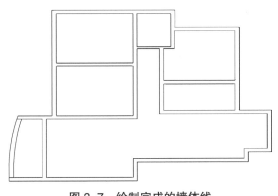

图 3-7 绘制完成的墙体线

四、插入门窗

1. 绘制门窗

门窗可以在图纸空白处绘制完成，然后再通过复制插入墙体线中去。

（1）"绘图"→"矩形"，绘制一个 900mm × 240mm 的矩形，900mm 为门的宽度，240mm 为墙厚。

将对象捕捉设定中点捕捉，在 240mm 的左边上的中点绘制直线。用极坐标的方法输入"@900<325"，这条线表示门扇。

"绘图"→"圆"→"圆弧"→"起点、圆心、端点"，用对象捕捉设定端点捕捉，起点为门扇外延，端点为 240mm 的右边上的中点，绘制弧线。最后用"修改"→"分解"将矩形分解，然后删除两条 900mm 长边线。当然门也有其他表示方法，这里就不加表述，效果如图 3-8 所示。

（2）窗的画法差不多，"绘图"→"矩形"，绘制一个 600mm × 240mm 的矩形，600mm 为窗的宽度，240mm 为墙体厚度。

将对象捕捉设定中点捕捉，用"绘图"→"多线"，指定比例为"30"，绘制代表窗扇厚度的两条直线。

用"修改"→"分解"将矩形分解，然后删除两条 600mm 长边线。效果如图 3-8 所示。推拉门的画法相同，不再赘述。

2. 使用块定义表达门窗

门窗因在施工图中反复出现，建议用块定义来表达。

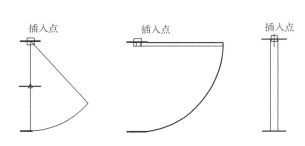
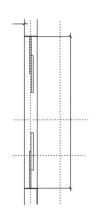

图 3-8　门、窗、推拉门的效果

选择"绘图"→"块"→"创建"，因为只有斜线和圆弧才代表门的实体，而两条 240mm 短线和一条 900mm 长线都是辅助线，所以选中斜线和圆弧，作为块所包含的对象。再通过拾取点，利用对象捕捉，选择开门方向的短线中点作为插入基点，为块指定一个名称。

在图中插入时，只要点击插入点命令，就出现对话框，在"设计中心"选项板中找到 Block.dwg 文件，并且将它的"块"列表显示出来。选择"门"块，选择"插入块"选项。在其中可以调节插入位置、角度和比例。

在"插入点"一栏内保持默认设置"在屏幕上指定"；在"比例"一栏，选择"在屏幕上指定的复选框"，并取消选择"统一比例"复选框；在"旋转"一栏中，指定旋转角度为"270"，如图 3-9 左图所示。

按照已经绘制的基准点插入"右开门"图块，可以得到如图 3-9 右图所示。

窗的插入图形的方式和门相同，继续在图中其他基准点插入门、窗图示，完成后最终效果如图 3-10 所示。

图 3-9　"插入"对话框和插入"单扇右开门"图块

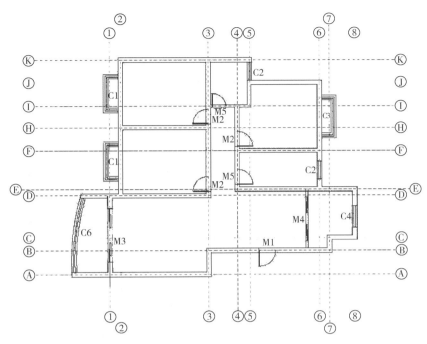

图 3-10 完成的墙体和门窗

五、添加家具、设备和材质

1. 绘制室内设施与家具

室内设施与家具一般包括家具、灯具、设备、洁具、厨具和装饰品等，可以自己绘制，也可以用网上下载的一些模型，但两者的使用都要注意实际尺寸与比例，特别是网上下载的模型，使用之前先输入 di 查询距离命令，测量一下尺寸是否符合实际比例。按比例和尺寸添加室内设施与家具。

2. 地面材质填充

室内设计施工平面图中，地面材质的表现非常重要，一是纹理的直观性，比如让人一眼便可看出什么材质（大理石、木地板、玻璃等）；比例适合，比如说一般大理石地砖的尺寸 600mm×600mm、500mm×500mm、800mm×800mm 等，木地板 900mm×90mm、900mm×120mm 等，不一定要求非常精确，但视觉上基本接近。

这里所要用到的命令就是"绘图"→"图案填充"，出现"图案填充和渐变色"对话框，单击图案下拉菜单后面的 ⎕⎕⎕ 按钮，出现"填充图案选项板"对话框，根据预览的样式进行选择。

选择范围有两种方法，一是直接选择物体；二是选取拾取点，在图形需填充的区域内任意点单击，它的边界会用虚线显示，说明此区域已添加为填充区域，选择完成后回到前面的对话框，再调整填充的比例和角度，直至达到最终的效果。

六、标注尺寸、文字和图框

完成平面图最后一部分内容，包括尺寸标注、文字说明、标题和图框。在标注样式中新建一个样式，使用字体等参照国家标准制图规范进行设置。

1. 尺寸标注

在图层工具栏的下拉列表中选择"标注"作为当前层，所有标注内容都在本层进行。在"标注"菜单中选中"线性"，使用捕捉功能，开启极轴，在轴线一处选取，然后再选择轴线二处，在"标注"菜单中选中"连续"，按前一方法进行类似操作，则标注自动生成。结构如图 3-11 所示。

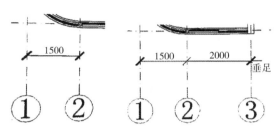

图 3-11 线性标注和连续标注

再对细节尺寸（如门窗尺寸、背景墙等）进行标注，使用方法还是先线性后连续，对于圆弧的地方，采用"标注"菜单中的半径标注；斜线用"标注"菜单中的对齐标注。

2. 文字标注

在 AutoCAD 软件中，可以利用的字库有两类。一类是存放在 AutoCAD 目录下的 Fonts 中，字库的后缀名为 shx，这一类是 CAD 的专有字库。这一类字库最大的特点就在于占用系统资源少，推荐使用这类字库；第二类是存放在操作系统的 Fonts 字库的 ttf，这一类是 Windows 系统的通用字库，除了 CAD 以外，其他软件如 Word、Excel 等，也都是采用的这个字库。图纸文件方便与其他公司交流。具体在施工图进行文字标注要注意以下几点：

（1）字体在够用情况下，越少越好。这一点，应该适用于 CAD 中所有的设置。不管什么类型的设置，都是越多就会造成 CAD 文件越大，给运算速度带来影响。

（2）格式刷工具能快捷地使大多文字统一格式，不管是文字大小、字体还是其他特征。

（3）注释文本：在使用文本注释时，如果注释中的文字具有同样的格式，注释又很短，则选用"TEXT（DTEXT）"命令。

当需要书写大段文字，且段落中的文字可能具有不同格式，如字体、字高、颜色、专用符号、分子式等，则应使用 MTEXT 命令。

使用"绘图"→"文字"→"单行文字"命令，给图纸中的各个房间添加说明，根据规范或实际需要调整文字高度，这里将文字高度设置为"3"，并且在文字说明的下方绘制一个地平高度的符号，由直线和文字组成，绘制方法此处不再赘述。

3. 图框的绘制

在不同的设计公司，图框的样式可能并不相同，但最起码要包括以下内容，如图 3-12 所示。

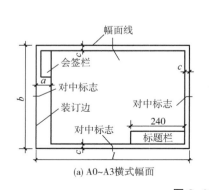
(a) A0~A3横式幅面

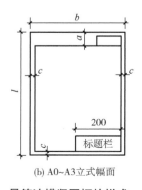
(b) A0~A3立式幅面

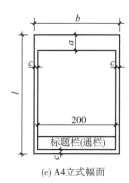
(c) A4立式幅面

图 3-12 最简洁横竖图框的样式

完成图框内容后再增加图名、比例标注。加粗线最简便的办法是使用"lweight"命令。此命令可在命令行直接键入，或选择下拉菜单"Format（格式）"→"Lineweight（线宽）"，在出现的对话框中，设置所需线宽，缺省线宽为"0.25mm"，并可用滑块调整屏幕上线宽显示比例，该命令为透明命令。形式规范如图3-13所示。

图3-13 图名和比例标注的样式

平面家具图和平面铺地图可根据具体情况判断是否分开表示，平面图完成后如图3-14所示。

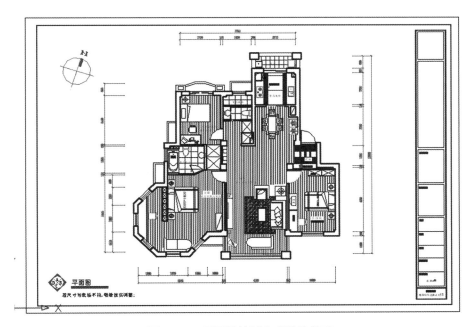

图3-14 平面图绘制完成最终效果

第三节 室内设计顶面图绘制训练

顶面图又称顶棚平面图，是室内设计图纸中用来表达吊顶造型和灯具布置的图纸，理论上是平面图镜像所得到的，所以可以直接通过平面图纸的修改得到吊顶的原始结构图。主要是为了表现出顶棚的灯具和吊顶的外观。为了节省篇幅，实例中绘制客厅顶棚平面图，其他房间的绘制方法与此类似。

一、导入墙线

打开上一节绘制的平面图，在图层工

具栏的下拉菜单中将墙体和门窗、标注线以外的所有图层都隐藏起来，然后将墙体和门窗、标注线全部复制到一个新开文件中，并命名为顶面图。

因为顶面图基本是人仰视所看到的效果，所以与平面图相比多了梁和门上墙的表示。下面就先用粗线将梁绘制出来，再将门扇删除，在留下的缺口处沿墙线画一个矩形将其闭合。

二、选取客厅顶棚

选择"绘图"→"修订云线"命令。在图形中单击，之后直接拖动鼠标，将会在光标所经过的路径上自动生成修订云线，当修订光标回到起点位置附近时自动闭合，成为一条封闭曲线，如图 3–15（a）所示。选择"修改"→"剪切"命令，将墙体线与云线相交但在范围之外的部分剪切掉，再选择云线范围之外的线条对象，将其删除，如图 3–15（b）所示。

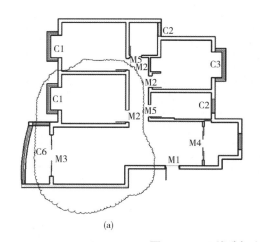

(a)

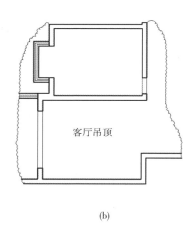

(b)

图 3–15　云线选择和修剪后的效果

三、添加灯具等设备

双头斗胆灯的画法：首先画一个边长为 100mm 的正方形，然后用偏移命令向内偏移 20mm，用画对角线的方法得出正方形的中心，再以中心为圆心，半径为 40mm 画圆，得到图 3–16（a）所示效果。

用填充命令在左上 1/4 圆和右下 1/4 圆处进行填充，具体操作：选择"绘图"→"图案填充"，在"图案填充和渐变色"对话框中，单击"样例"，在"填充图案选项板"中的"其

他预定义"选择"solid"，在要填充的区域内点击，边界以虚线显示，按确定键返回，再确定。最后整体基点复制得出图 3–16（b）中的效果。

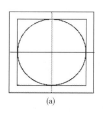
(a)

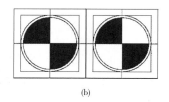
(b)

图 3–16　斗胆灯完成效果

以下是住宅室内设计中常用灯具和设备样式，见表 3–1。

表 3-1　室内设计中常用灯具和设备样式

品类	符号	品类	符号
日光灯管		筒灯	
双头斗胆灯		窗帘杆	
方形吸顶灯		窗帘	
浴霸		吊柜	
餐厅灯		工艺吊灯	
圆形吸顶灯			

四、绘制顶棚平面图

首先在图中绘制出如图 3-17（a）所示的矩形区域的对角线，以得到对角线的中点，选择"格式"→"点样式"命令，选择一个便于观看的点样式，之后选择"绘图"→"点"→"单点"命令，在两条对角线的交点处绘制一个点，插入一个吊灯，作为下面绘图的基准，之后便可删除辅助的对角线。

然后绘制一个距离四边均为 550mm 的矩形作为吊顶。在矩形四边分布射灯，利用对角线形成的基准点和虚线矩形找到射灯的定位点。如图 3-17（b）所示。

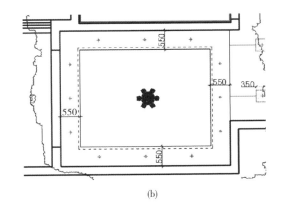

（a）　　　　　　　　　　　　　　　（b）

图 3-17　绘制辅助对角线和添加射灯

选择"绘图"→"文字"→"单行文字"命令，在命令提示区中输入命令，指定"宋体"文字样式，文字高度为 3mm，角度为 0°，在图形中任意一个射灯图示的周围插入单行文字对象，输入文字内容为"射灯"。

五、添加标注和图框

吊顶图的文字标注方式与平面图基本相似。这里讲解一个比较特殊的标注方式，就是上下标的问题，比如角度、立方米、平方米等有上标的单位符号。

（1）使用多行文字命令 MTEXT，在文字框中输入"10002^"。

（2）用鼠标选中目标标注符号"2"与"^"，点击文字格式对话框上的堆叠按钮。

（3）确认文字的输入，确认立方米单位输入完成无误。

提示

注意这里"^"符号与选择文字的前后顺序会影响数字的上下位置，"^"置于文字前可使文字下沉成为下标，置于文字后可使文字上浮成为上标。

操作过程及完成效果如图 3-18 所示。

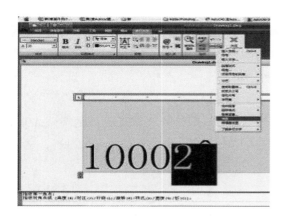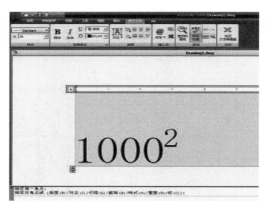

图 3-18　堆砌命令及完成效果

添加尺寸、文字标注和图框，将所有　内容表达清楚后，完成效果如图 3-19 所示。

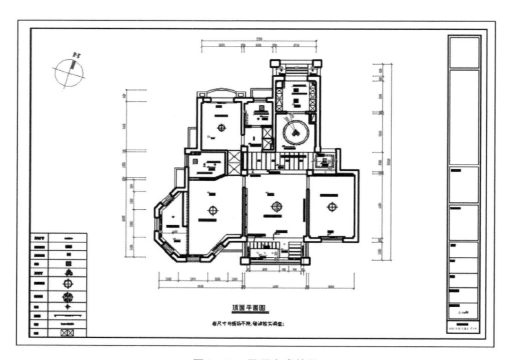

图 3-19　吊顶完成效果

第四节　室内设计立面图绘制训练

一、定位轴线

住宅室内立面图主要分局部立面和剖立面两种，前者包括电视背景立面图、沙发背景立面图、床头背景立面图、端景台立面图、鞋柜立面图、隔断立面图、衣柜立面图、书柜立面图、书桌立面图、酒柜立面图、储物柜立面图等；剖立面图则包括吊顶剖面图，衣柜、鞋柜、书柜、酒柜等各类家具剖面图，电视背景、端景、隔断等装饰背景造型的剖面图。

立面图一般应画在平面图的上方，侧立面图或剖面图可放在所绘立面图一侧。这样一来绘图方便参考尺寸，二来在施工过程中方便相互参照。

这里以客厅电视背景墙为例，首先在平面所要保留的部分加上剖切线，然后用修剪命令删除其余部分，最后旋转 90°，

得出电视机背景墙对应的平面。

沿着平面的关键点画出立面轴线，得出立面主要框架，效果图如图 3-20 所示。

二、绘制墙面造型及设备

对于地面和吊顶的标识不需要太清晰，可以以填充的方式带过，因为如果有必要，应配有详细大样图和剖面图表示。

然后添加例如家电、门扇、装饰品、窗帘及家具和设备。这些可以自己画，也可以下载一些图库，但前提要了解常规室内及家具尺寸，并在绘图过程中严格遵循尺寸比例。

接着进行图案填充，选择填充区域时要注意点选与选择物体的方法相结合，填充过程中要注意比例和线型的选择。

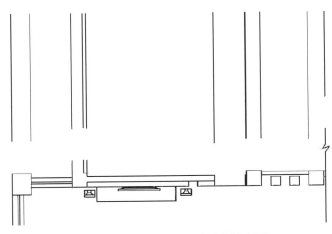

图 3-20　电视机背景墙对应的立面

三、添加标注和图框

文字标注与尺寸标注的方法与前述内容相同，这里不再重复。需要注意的是，排列要整齐，同一造型的不同材质最好按一列表示。添加标注和图框后，立面最终效果如图 3-21 所示。

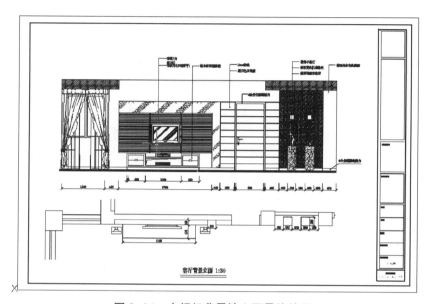

图 3-21　电视机背景墙立面最终效果

第五节　室内设计其他施工图绘制训练

室内装潢图纸中其他图纸如插座图、开关图、给排水图等，都是在平面图基础上进行修改，再添加一些相应的标识。电气图包括的内容较多，其涉及的线路多有交叉，一般将不同类型的电气设备分成单独的图纸，本实例绘制的电气系统图有开关布置图和强弱电系统图。

一、图例样式的绘制

使用规范的图例来表现室内施工中频繁出现的开关及插座等设备。图例表是电气图中很重要的一个内容，将会出现在电气图空白处醒目位置。

1. 开关的绘制

首先将光标置于状态栏，右键点击"极轴"按钮，选择弹出菜单中的"设置"命令，系统弹出如图 3-22 所示"草图设置"对画框，将其中的增量角设为"45°"。

开启"极轴"功能，选择"绘图"→"直线"命令，在图形的任意位置点击开始绘制直线，找到 45°的极轴位置，直接输入"8"

图 3-22　改变增量角

并按【Enter】键，得到一个角度为 45°、长度为 8mm 的直线，不必退出命令，继续

绘制下一条直线，同样使用极轴找到 45° 的位置，绘制长度为 2mm 的直线。绘制过程如图 3-23 所示。

选择"修改"→"偏移"命令，选择前面绘制的短直线，指定偏移距离为 "2mm"，将其向下方偏移。选择"修改"→"圆环"命令，在命令提示区中按照提示指定内径为"0mm"，外径为"1mm"，然后捕捉前面所绘制直线的下端点，在此处绘制一个内径为"0mm"的圆环，也就是一个实心圆，如图 3-24（a）所示。选择三条直线指定线宽为"0.3mm"，得到如图 3-24（b）所示的开关图示。

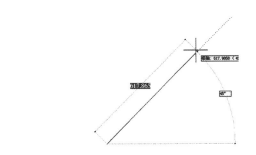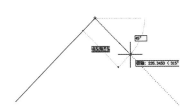

图 3-23　使用极轴功能绘制直线

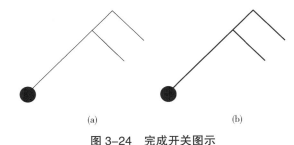

(a)　　　　　　　　　　　(b)

图 3-24　完成开关图示

2. 插座的绘制

对插座图的相应标识进行绘制，一个图形的画法有很多种，不一定拘泥于某一种，最直接快捷就是最好的方法，以立式空调的插座为例。

画一个直径为 160mm 的圆，然后用圆心捕捉和正交的辅助画法画出中心线。如图 3-25（a）所示。再用修剪命令将图形修改成一个半圆，剪去超出圆的线和下半截圆。得出效果如图 3-25（b）所示。

用中点捕捉命令在半圆一分为二，在右半边做填充命令，将其涂黑，并将那条中线从圆超出的部分用一个小矩形代替，也将其填充成黑色，最后从矩形的中心划出一条水平线，长度不要超过半圆，最终效果如图 3-26 所示。

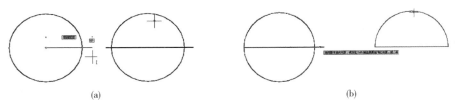

图 3-25　圆心捕捉和正交的辅助画法画出中心线和用修剪命令将图形修改成半圆

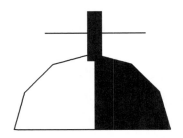

图 3-26　立式空调的插座效果

相同方法画出单级双联、双级双联等开关样式，下面准备制作表格。

二、图例表的绘制

利用基本的命令和技巧就可以完成电气图中图例的绘制，因篇幅有限，这里不再赘述。为了完成图纸中的图例表，制表是不可缺少的一个步骤，下面介绍使用绘图命令完成表格及其中文字的绘制。

图例表中将要出现常规的 8 种图例：普通插座、防水插座、空调插座、电话插座、有线电视插座、宽带网络插座、音响插座、地面镶嵌电话 / 电气插座等。为了在表格中表示这些设备的图示和说明，应该先建立一个 21 行 ×2 列的表格。

选择"绘图"→"直线"命令，以任意一点为起始，绘制向右的长度为 80mm 的直线。选择"修改"→"阵列"命令，在弹出的"阵列"对话框中指定参数，如图 3-27（a）所示，并单击"选择对象"按钮，在图形中选择前面绘制的直线并按确定键确定。阵列操作可以得到如图 3-27(b)所示的横线。

选择最上方的一条横线，右键点击，选择"移动"选项，直接指定移动距离，将这条直线向上移动距离 1mm，使得表格的第一行宽度较大，成为表头。

选择"绘图"→"直线"命令，利用对象捕捉功能选择上方横线的左端点和下方横线的左端点，绘制一条竖线，选择"修改"→"偏移"命令，指定偏移的距离为 30mm，将其向右偏移生成中间竖线，再选择"绘图"→"直

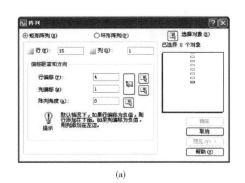

(a)

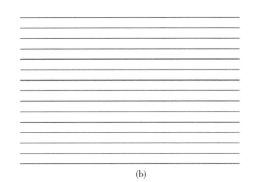

(b)

图 3-27　绘制表格的横线

线"命令，绘制右端竖线，并适当增加表格外框的线宽，得到完整的表格。

选择"绘图"→"文字"→"单行文字"命令，修改对齐方式为"左下"，并且指定点为单行文字的插入点，指定文字的高度为"2.5mm"，随意输入文字内容。

选择"修改"→"阵列"命令，使用与前面直线类似的阵列操作将文字生成阵列，阵列的行数为20mm，行距与表格行距相同，为"图示"→"说明"，文字高度为3mm。在表格中建立随意的文字内容并且用阵列生成到每一个表格位置，为了方便定位省去每次插入文字都要指定对齐方式和插入点。现在只需逐个修改文字内容即可，使用鼠标双击每一个单行文字对象就可对文字进行修改，在文字用黄的高亮显示的情况下可以进行修改，将说明文字修改为前面计划好的13种不同的图示说明。

接下来将绘制好的图示添加到图示表中，首先将照明线路的图示移动到表格中"图示"一行中的相应位置，如有必要，进行适当的放缩和移动，此时应当关闭对象捕捉、对象追踪和极轴功能，避免光标在图形中的自动捕捉影像到操作，得到第一个图示，普通插座。

选择这个图示的全部图形对象，单击右键，弹出的菜单中选择"带基点复制"命令，如图3-28（a）所示，开启"对象捕捉"功能，在图形中捕捉到交点作为基点，也就是这个图示所在单元格的左下角点。之后在图形的空白处再次右键单击，选择弹出菜单中的"粘贴"命令，利用捕捉功能选择下方单元格的左下角点作为插入点，如图3-28（b）所示，即可将图示复制到第二个单元格中的相同位置。对复制所得的图示进行修改，得到第二个图示，防水插座。

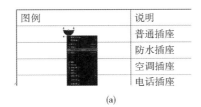

(a)　　　　　　　　　　(b)

图 3-28　带基点复制和捕捉插入点

在 AutoCAD 中填充表格的内容，使用前面的这种方法可以获得很好的对齐效果，提高制表的效率。继续添加图例表中其他的图示，便可得到完整的图例表，见表3-2。

表 3-2　完整的图例表

图例	说明	图例	说明
♀	普通插座	⊖	地面嵌装式电话 / 电气插座
♀	防水插座	∕	单联开关
♥	空调插座	∕	双联开关
TE	电话插座	∕	三联开关
TV	有线电视插座	∕	单联双控开关
W	宽带网络插座	∕	双联双控开关
YS	音响插座	—	

三、电气水卫等施工图的绘制

对于一张家庭装潢的电气施工图，需要绘制内容包括住宅内的所有电气设备及电器线路，一般包括强电和弱电两个部分。其中弱电系统比较简单，主要是电话、有线电视和网络，其设备比较少，电气线路也比较简单。而强电部分的内容就比较多，主要分照明系统和配电系统两个部分，其中照明系统包括照明灯具、电器开关和电气线路，配电系统主要是插座和电气线路。在电气施工图上，除了灯具外，一般不需要画出其他的用电设备，如空调、厨房电器设备等，这些设备主要是通过插座来供电。

1. 绘制照明开关线路图形

由于灯具的数量比较多，直接在当前图形上绘制比较费时，考虑到在"顶棚施工图中"已经将灯具图形布置完成了，因此在电气施工图中可以把原先绘制的灯具布置图形复制过来，这样就避免了重复工作，而且灯具位置也与顶棚施工图中一致，如图 3-29 所示。

由于灯具图形与装潢的造型靠得很近，采用常用的选择对象方法不容易选择灯具图形，但是在绘制该图形时，所有的灯具均是图块，而其他的图形都不是图块，根据这个特点，可以用"快速选择"的方法来选择灯具图形。

首先将复制的"顶棚施工图"全部选中，选择"工具"→"快速选择"命令，再输入该命令后，系统打开"快速选择"对话框。

在该对话框可以选择不同的方式来选择有关的图像，这里在"对象类型"里选择"块参照"，然后单击【Enter】键。

为了这些灯具在墙体平面图中的定

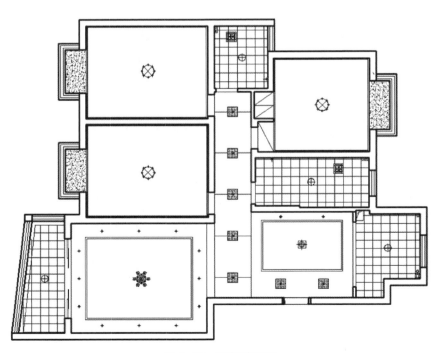

图 3-29　顶棚施工图

位，还选择了某条直线，选择出来的图形如图 3-30 所示。

将提取出的墙体平面图打开，把选择出来的灯具图形移动到墙体图形中，在移动的时候用选择的直线的端点，对应它在墙体中相应的端点，这样就能很好地对齐了，灯具布置图就完成了。移动完成后的图形如图 3-31 所示。

当灯具图形就位后，就可以绘制开关图形了，开关的布置主要是考虑方便实际使用，一般对于各个区域主要照明灯具要单独的控制，如房间的吸顶灯，对于辅助照明用的筒灯，就可以用一个开关来控制一个区域的所有筒灯。对于开关的位置有的布置在进门房的门边，有的布置在房间床头柜上方。有时候要使用双控开关，如主卧室和次卧室等房间的主灯等，除了在进出门能控制它，在床头也能控制它。根据开关的数量，可以将多个单控开关设置在一个开关面板上，组成双联开关或者三联开关。

开关的绘制方法是逐个区域进行的，另外绘图时要把灯具图形与开关图形连接起来，这样就不会遗漏灯具开关。这里以客厅为例讲解开关布置情况。

整个客厅区域可以分为四部分，即客厅、餐厅、门厅和走廊。其中客厅有 1 个吊灯、12 个筒灯和 1 个灯带，餐厅有 1 个

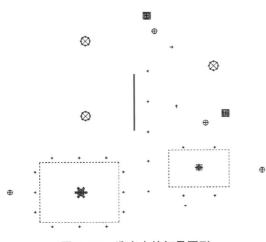

图 3-30　选出来的灯具图形

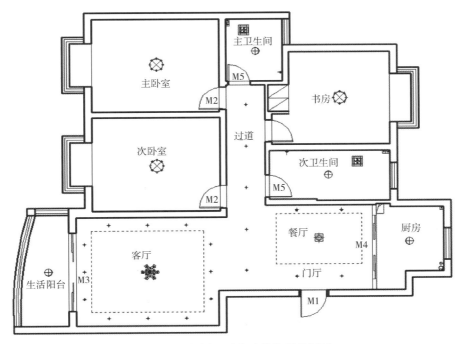

图 3-31　灯具图形移动就位后的图形

吸顶灯、2 个筒灯和 1 个灯带，门厅有 2 个筒灯，走廊有 5 个筒灯，在进门处需要布置的开关较多，门厅的 2 个筒灯用 1 个单联开关控制，开关放在门的右侧，一些控制过道餐厅走廊的开关放在门的左侧，在刚进入客厅的墙面位置放控制筒灯和灯带的开关。

根据以上的分析可以方便地绘制出客厅部分的开关布置图形，同样使用圆弧连接灯具和开关。开关布置后就可以把灯具与开关用圆弧连接起来，在用圆弧连线之前，应该设置一个线路的图层，在图纸中建立"线路"图层，并将此图层的默认线宽设置为 0.3mm。选择"墙面与门窗"图层中的全部对象，也就是墙体线，将线宽设置为"默认"。电气图侧重于电气系统，因此电气单元和线路应为粗线条，墙体线则为细线。

接下来用同样的方法来布置其他房间的开关和连接线路，这些房间的灯具比较少，开关的布局也比较简单，注意有些在同一个位置的单联开关可以合并成双联开关或者三联开关。最后完成后的图形如图 3-32 所示。

提示

为了使设备标识看起来更醒目，所有的设备图中的墙线都不加粗，和其他的线性一样，而设备标识的线型加粗。

2. 绘制插座布置图

插座分为空调插座和其他的普通插座，空调一般采用插座面板上只有一个三角插孔，大负荷的专用插座；而普通插座采用单相三联可以连接单个用电设备。

案例住宅共设置了 4 台空调，其中客厅内设置了 1 台柜式空调，其位置在电视背景墙角的位置，在主卧室、次卧室、书房分别设置了 1 台壁挂式空调，位置均在

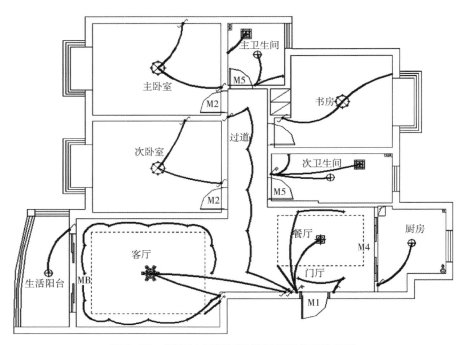

图 3-32　所有的灯具和开关布置完成后的图形

房间窗户的旁边。将空调插座分别复制到这些位置，注意插座图形的方向要与墙体垂直。

下面来布置其他房间的插座图形，对于普通的设置情况，有些插座是平时常用到的，如厨房的各个用电设备（吸排油烟机、电磁炉、微波炉、电饭煲等）、电视、音响设备、计算机等。有些插座是备用的，如台灯、充电器等，平时可能不大用。首先布置各个区域的必要插座，然后再布置那些备用的插座。

普通的插座一般离地面的高度为30cm，但是厨房和卫生间的插座需要高一点，基本与开关的高度相同，因为卫生间一般比较潮湿，所以在布置卫生间插座的时候应该布置防水插座，吸排油烟机插座的高度要达到1.8m。

布置插座时，需要根据平面图中电器的位置放置插座，避免插座的位置与家具

冲突。住宅中具体的布置原则要插座靠近用电设备，完成效果如图 3-33 所示。

3. 绘制弱电系统图

弱电系统的终端设备比较少，可以分为三个子系统，即电话系统、有线电视系统和网络系统。本案例各个系统点的布置情况如下：

➤ 电话系统：客厅、主卧室、次卧室、书房各一个插座。

➤ 有线电视系统：客厅、主卧室、次卧室，书房各一个插座。

➤ 网络系统：客厅、主卧室、次卧室、书房各一个插座，其位置一般在电话插座的旁边。

根据以上的情况，可以很方便地复制每个图块到相应的位置，分别将每个弱电插座就位，注意要避开电气系统图的开关和插座图形，有些位置要离开墙体一段距离，对于弱电插座的布置一般要参照"室

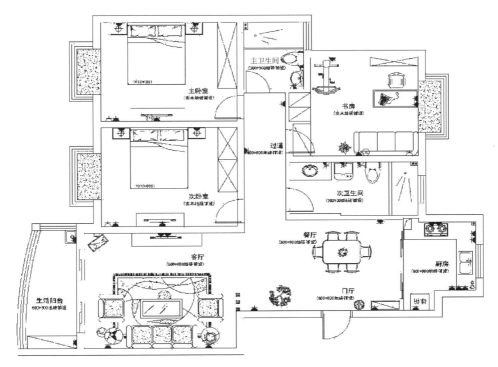

图 3-33 所有的插座布置完成效果

内平面布置图"中的家具布置，一般放在电话、电视等旁边，完成后的图形如图 3-34 所示。

4. 水卫布置图

并非所有的设备图都要画，这要看具体情况，不过画法都和上述开关和插座布置图一样这里就不复述了。设备的图例见表 3-3。

表 3-3　给排水系统图例表

图例	说明
——————	进水管
——R——	热水进水管
— — — —	排水管
✕	进水接口
▶	水表
⬤	截止阀
◎	排水漏斗孔

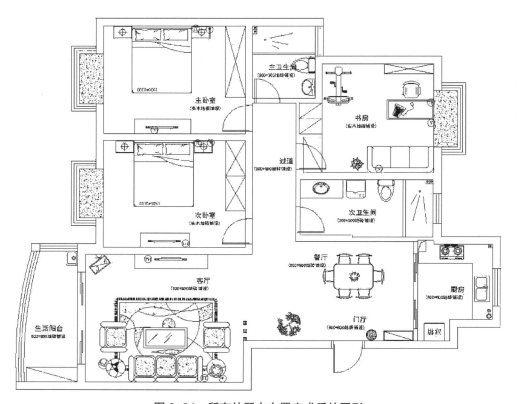

图 3-34　所有的弱电布置完成后的图形

思考与练习

按照指定的规范案例，以临摹方式完整地绘制出一套住宅室内设计施工图纸，并对照国家行业制图标准进行检查。

Photoshop 的基础训练

课题名称：Photoshop 的基础训练

课题内容：Photoshop 的基础知识

　　　　　Photoshop 的基本工具

　　　　　Photoshop 的图像处理

课题时间：8 课时

教学目标：通过本章学习，使学生对 Photoshop 的基本功能和应用有一个基本了解，熟悉 Photoshop 的工作界面、图像格式等基础知识，并且对 Photoshop 的绘图、图层、路径、滤镜等工具进行了简要介绍。学习中要针对室内设计的专业特点，在设计实践课题的基础上进行软件的操作，才能更快的掌握本章内容。

教学重点：掌握图像类型、文件格式，以及分辨率等图像处理的基础知识；了解 Photoshop 绘图、图层、路径、滤镜等基本工具的操作技巧。

教学方式：上机操作结合多媒体演示。

第四章　Photoshop 的基础训练

第一节　Photoshop 的基础知识

图形图像类型、文件格式、色彩模式以及分辨率等图像处理知识是 Photoshop 的基础，深刻地了解并在操作中熟练运用，对于后面的效果图后期处理及输出非常重要。

一、常用术语、概念及主要功能

1. 计算机图形和图像的区别

（1）计算机图像是由离散的点组成的点阵图。它将图像分解成一个个的像素（马赛克），每个像素在空间上的位置是固定的，不同的是像素的颜色值不一样。图像的特性与分辨率有关，降低图像分辨率会降低图像的显示质量。代表的软件有 Photoshop 等。

（2）计算机图形又称矢量图形，是以数学的向量方式来纪录图像的内容，由线条和色块呈现，其基本组成单位是锚点和路径。由于同一图形所占存储空间相同，所以可随时无限缩放，其边缘都是平滑的，效果同样清晰。矢量图形无论用于商业信纸还是招贴广告，只需一个较小的电子文件就能满足要求。代表的软件有 Adobe Illustrator、Macromedia Freehand、AutoCAD 等。

2. 像素和分辨率

（1）像素和分辨率的概念：在制作 Photoshop 图像时，如果将点阵图放大到一定程度，就会发现它是由一个个小方格组成，如图 4-1 所示。这些小方格称为像素，像素图的质量是由分辨率决定的，单位面积内的像素越多，分辨率越高，图像的效果就越好。

图 4-1　位图合适的分辨率显示和放大后的像素效果

图像分辨率（又称像素密度，每英寸所有的像素数量）的单位是 ppi（pixels per inch），即每英寸所包含的像素数量。图像分辨率越高，意味着每英寸所包含的像素越多，图像就有更多的细节，颜色过渡就越平滑。图像分辨率越高，所包含的像素越多，也就是图像的信息量越大，因而文件也就越大。文件的大小是以 mb 为单位的。

图像在输出尺寸符合条件的情况下，分辨率设置要求主要有：

➢ 用于制作多媒体光盘和网页上使用的图像，分辨率通常达到 72ppi。

➢ 用于写真级的效果图打印，输出的分辨率不低于 150ppi。

➢ 用于彩色印刷的图像需 300ppi，印出的图像不会缺少平滑的颜色过渡。

图像的尺寸、大小、分辨率三者有密切的关系，调整图像的尺寸和分辨率可改变图像文件的大小。分辨率设定要恰当。若分辨率太高的话，运行速度慢，占用的磁盘空间大；若分辨率太低，影响图像细节的表达，达不到使用需求。

（2）像素和分辨率的调整：

①更改图像大小：图像大小与分辨率、实际打印尺寸的关系密切，决定存储文件所需的空间。

执行"图像"→"图像大小"命令，弹出"图像大小"对话框。在"像素大小"选项区中可看到当前图像的"宽度"和"高度"，通常是以"像素"为单位，另外，还有一个单位是"百分比"；右边的链接符号表示锁定长宽的比例。

在对话框的最下端有一个"重定图像像素"复选框，如果选中此复选框，可以改变图像的大小和分辨率，若增加图像的大小，或提高图像的分辨率，也就是增加像素，则图像就根据此处设定的差值运算方法来增加像素，如果选择约束比例，则图像的宽度和高度的比例仍然保持，如图 4-2（a）所示。

如果不选择约束比例，高、宽以及分辨率都可以任意改变，如图 4-2（b）所示。

如果取消选中"重定图像像素"复选框，则在"文档大小"栏中的三项都会被锁定，总的像素数量不变。如图 4-2（c）所示，当改变高度和宽度值时，分辨率也同时发生变化，增加高度，分辨率就会降低，但两者的乘积不变。

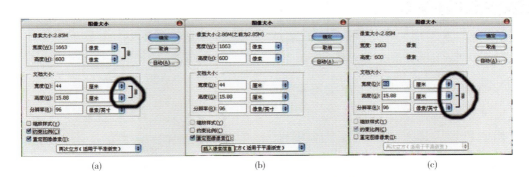

图 4-2　图像大小调整的三种方式

提示

注意，图像真实像素大小是不可更改的，通过差值运算方法来增加像素的方法会使低分辨率图像变得模糊，以及像素化。

②更改画布大小：此命令的功能是重

新设定图像画布尺寸的大小，设定后可以调整图像在当前页面中的位置，如果改变后画布比原图像的画面大时，则原图尺寸在改变后的画面大小并不会改变。若改变后的画布小于当前图形页面，则系统会弹出一个警告框，警告这样做的结果将会剪切掉某些图像的画面。

3. 颜色深度和颜色模式

颜色深度用来度量图像中有多少色彩信息可用于显示或打印，其单位是位，所以颜色深度也称为位深度。常用的颜色深度有 1 位、8 位、24 位和 32 位。

颜色模式决定用于显示和打印图像的颜色模型 Photoshop 的颜色模式是以用于描述和重现色彩的颜色模型为基础。常见的颜色模型包括 HSB 模型，RGB 模型，CMYK 模型等，如图 4-3 所示。

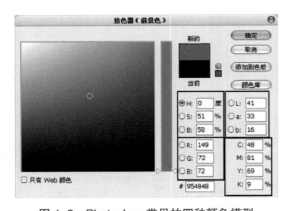

图 4-3　Photoshop 常见的四种颜色模型

（1）HSB 模型是基于人眼对色彩的观察定义。在此模型中，所有的颜色都用色相或色调、饱和度和亮度三个特性来描述。

（2）RGB 模型也被称为加色，是因为 RGB 颜色合成可以产生白色。Photoshop 的 RGB 模式将红、绿、蓝三种基色，按照从 0 ~ 255 的亮度值在每个色阶中分配。当三种基色的亮度值相等时，产生灰色；当都为 255 时，产生纯白色；当都为 0 时，产生纯黑色。RGB 模型是制作室内设计效果图的主要模式。

（3）CMYK 模型以打印在纸上的油墨的光线吸收特性为基础。在 RGB 模型中由光源发出的色光混合生成颜色，而在 CMYK 模型中由光线照到不同比例青、洋红、黄和黑油墨的纸上，部分光谱被吸收后，反射到人眼中的光产生的颜色。

CMYK 模型是平面输出和印刷的主要模式。如果由 RGB 模式绘图完成的图像，最好先编辑，再转换为 CMYK 模式。在 RGB 模式下，直接使用"校样设置"命令模拟 CMYK 转换后的效果，无须更改图像数据。

（4）其他颜色模式：Photoshop 还支持其他的颜色模式，这些颜色模式包括位图模式、灰度模式、双色调模式、索引颜色模式和多通道模式，它们都有其特殊的用途。

提示

通过执行"图像"→"模式"子菜单中的命令，来转换颜色模式。由于有些颜色模式在转换后会损失部分颜色信息，因此，在转换前最好为其保存一个备份。

4. 色彩校正和色调调整

（1）图像色彩的校正：

➢ 色阶：执行"图像"→"调整"→"色阶"命令，弹出"色阶"对话框。此图是根据每个亮度值（0 ~ 255 阶）像素点的多少来划分的，最暗的像素点在左面，最亮的像素点在右面，利用"色阶"对话框中的 3 个吸管工具直接单击图像，可以在图像中以取样点作为图像的最亮点、灰平衡点和最暗点。

➢ 自动色阶："自动色阶"命令和"色阶"对话框中的"自动"按钮的功能相同，可自动定义每个通道中最亮和最暗的像素作为白和黑，然后按比例重新分配其间的像素值。一般来说，此命令对调整简单的灰阶图比较适合。

➢ 自动对比度和自动颜色：执行"图像"→"调整"→"自动对比度"命令时，Photoshop 会自动将图像最深的颜色加强为黑色，最亮的部分加强为白色，以增强图像的对比度，这个命令对于过度复杂的图像效果相当明显，而对于单色或颜色不丰富的图像几乎不产生作用。"自动颜色"命令是通过实际需求对图像进行对比度和颜色的调节，根据"自动颜色校正选项"对话框中的设定值将中间调均匀化并修整白色和黑色的像素。

➢ 曲线：执行"图像"→"调整"→"曲线"命令，会弹出"曲线"对话框。在该对话框中，横轴用来表示图像原来的亮度值，相当于"色阶"对话框中的输入色阶；纵轴用来表示新的亮度值，相当于"色阶"对话框中的输出色阶；对角线用来显示当前"输入"和"输出"数值之间的关系，在没有进行调整时，所有的像素都有相同的输入和输出数值。

➢ 色彩平衡："色彩平衡"命令可改变彩色图像中颜色的组成，此命令只对图像进行粗略的调整，不能像色阶和曲线命令一样来进行较准确的调整。在菜单中执行"图像"→"调整"→"色彩平衡"命令，弹出对话框，在该对话框中可分别选择"暗调""中间色调"和"高光"来对图像的不同部分进行调整。

➢ 亮度 / 对比度：用来调整图像的亮度和对比度，只适用于粗略地调整。执行"图像"→"调整"→"亮度 / 对比度"命令，在对话框中，"亮度"与"对比度"的设定范围是 –100 ～ 100。

➢ 色相 / 饱和度：执行"图像"→"调整"→"色相 / 饱和度"命令。在弹出对话框的"编辑"后面的菜单中，可选择红色、绿色、蓝色、青色、洋红以及黄色中的任何一种颜色单独进行调整，或选择"全图"来调整所有的颜色。

通过拖动三角可改变"色相""饱和度"和"明度"，在该对话框的下面有两个色谱，上面的色谱表示调整前的状态，下面的色谱表示调整后的状态。选择"着色"后，图像变成单色，拖动三角来改变色相、饱和度和亮度。

➢ 匹配颜色："匹配颜色"命令将一个图像（源图像）的颜色与另一个图像（目标图像）相匹配，尝试使不同照片中的颜色看上去一致。除了匹配两个图像之间的颜色外，"匹配颜色"命令还可以匹配同一个图像中不同图层之间的颜色。

如果未建立选区，则"匹配颜色"命令对整个源图层的颜色进行匹配，图 4-4（a）所示的是将要匹配颜色的目标，图 4-4（b）所示的是将要匹配颜色的源。

选中图 4-4（b）所示的选择匹配颜色的范围，选区不需要很准确，重要的是要把将要匹配颜色的目标信息进行选择即可。

执行"图像"→"调整"→"匹配颜色"命令，弹出匹配颜色的对话框，匹配的设置如图 4-5（a）所示，调整后的效果如图 4-5（b）所示。

➢ 去色：可以使图像中所有颜色的饱

(a)   (b)

图 4-4　匹配的目标和对象

(a)   (b)

图 4-5　"匹配颜色"对话框和调整后的效果

和度成为"0"，即可将所有颜色转化为灰阶值，这个命令可保持原来的彩色模式，只是将彩色图变为灰阶图。

➤ 替换颜色："替换颜色"命令可替换图像中某区域的颜色，方法如下所述。

执行"图像"→"调整"→"替换颜色"命令，弹出对话框。

对话框中的"选区"部分和前面讲过的利用"选择"→"颜色范围"命令来进行图像的颜色范围选择的方法完全相同，首先需设定"颜色容差"，然后用"吸管工具"在图像中取色，用带加号的"吸管工具"可连续取色。

（2）色调的调整：

➤ 可选颜色："可选颜色"命令可对RGB、CMYK 和灰度等色彩模式的图像进行分通道调整颜色。

➤ 通道混合器：打开图像，执行"图像"→"调整"→"通道混合器"命令，弹出对话框，在"输出通道"后面的弹出菜单中可选择要调整的颜色通道，在源通道一栏中通过拖动三角可改变颜色。必要情况下，可以调整"常数"值，以增加该通道的补色，或是选中"单色"选项以制作出灰度图像。

➤ 渐变映射：用来将相等的图像灰度范围映射到指定的渐变填充色上，如果指定双色渐变填充，图像中的暗调映射到渐变填充的一个端点颜色，高光映射到另一个端点颜色，中间调映射到两个端点间的层次。

➢ 照片滤镜：功能相当于传统摄影中滤光镜的功能，以便调整到达镜头光线的色温与色彩的平衡，从而使胶片产生特定的曝光效果。

➢ 阴影／高光：适用于校正由强逆光而形成剪影的照片，使暗调区域变亮；或者校正由于太接近相机闪光灯而有发白焦点的照片，降低高光域的亮度，是基于暗调或高光区周围的像素进行协调地增亮或变暗，在对话框中可以分别控制暗调和高光调节参数，系统默认设置为修复具有逆光问题的图像。

➢ 曝光度：执行"图像"→"调整"→"曝光度"命令，进行相关参数的调整。

➢ 反相：用于产生原图的负片，当使用此命令后，白色变成黑色，即像素值由"255"变成了"0"，其他的像素点也取其对应值（255– 原像素值 = 新像素值），此命令在通道运算中经常被使用。

二、常用的存储命令和格式

1. Photoshop 的存储命令

Adobe Photoshop 支持很多的文件格式。可将文件存储为它们中的任何一种格式，或按照不同的软件要求将其存储为相应的文件格式后，置入到排版或图形软件中。

在"文件"菜单下有"存储""存储为"和"存储为 Web 所用格式"3 个关于存储的命令。

（1）"存储"命令是将文件存储为原来的文件格式，并将原文件替换掉。在 ImageReady 中，存储命令总是以 PSD 格式存储文件的，因此，要使修改后的文件不替换掉原来的文件,需选择"存储为"命令。

（2）"存储为"命令以不同的位置或文件名存储图像。在 Photoshop 中，"存储为"命令可以用不同的格式和不同的选项存储图像。选择"存储为"命令后，会弹出"存储为"对话框，其中各项设置介绍如下。

➢ 作为副本：此选项可存储为原文件的一个副本，并保持原文件的打开状态，原文件不受任何影响，选择此选项后，名称后面会自动加上"副本"字样，这样原文件就不会被替换。

➢Alpha 通道：用于将 Alpha 通道信息与图像一起存储，不选择该选项可将 Alpha 通道从存储的图像中删除。

➢ 图层：用于保留图像中的所有图层，如果该选项被禁用或不可用，则所有的可视图层将合并为背景层。

➢ 注释：可将注释与图像一起存储。

➢ 专色：将专色通道信息与图像一起存储，否则将从存储的图像中删除。

（3）Photoshop 提供了最佳处理网页图像文件的工具与方法。执行"文件"→"存储为 Web 所用格式"命令，弹出"存储为 Web 所用格式"对话框,根据此对话框完成，如图 4-6 所示。JPEG、GIF 与 PNG 文件格式的最佳存储。

2. 文件存储的格式

我们把保存图像时采取的方法和执行的标准称为图像文件格式，文件格式决定了应该在文件中存放何种类型信息，文件如何与各种应用软件兼容，文件如何与其他文件交换数据。由于图像格式有很多，应该根据图像不受操作平台的限制，可以保存 Alpha 通道，可以在一个文件中存储分色数据。

➢ EPS 格式：用于印刷及打印，可以保存 Duotone 信息，可以存储 Alpha 通道，

图 4-6　存储为 Web 所用格式的对话框

可以存储路径和加网信息。

➢ GIF 格式：是 8 位的格式，只能表达 256 级色彩，是网络图像常用格式。

➢ PSD 格式：Photoshop 格式的缩写，支持所有 Photoshop 的特性，包括 Alpha 通道、多种图层、剪贴路径、任何一种色彩深度或任何一种色彩模式，可以包含所有的图层和通道的信息，可随时进行修改和编辑。当存储为 PSD 格式时，Photoshop 通过 RLE 方式进行图像的压缩和优化。这是一种无损失的方式。但该格式通用性差，只有 Photoshop 能使用它，很少有其他应用程序支持。

➢ JPEG 格式：是一种文件格式，也是一种压缩方法，这种压缩是有损失的，损失的大小不等，有的小到人眼分辨不出。当选择 JPEG 格式时，会弹出"JPEG 选项"对话框，可在"品质"后面的文本框中输入数字，也可拖动下面的三角，或在"品质"后面的弹出菜单中选择，数值越高，图像品质越好，文件也越大。

➢ TIFF 格式可支持跨平台的应用软件，支持具有 Alpha 通道的 CMYK、RGB、Lab、索引颜色和灰度图像，以及无 Alpha 通道的位图模式图像。TIFF 文件可以存储图层。在"图像压缩"栏中共有四个选项：无压缩、LZW 压缩、JPEG 压缩和 ZIP 压缩。某些应用程序无法打开用 JPEG 或 ZIP 压缩存储的 TIFF 文件，如果要在 Photoshop 以外的应用程序中打开 TIFF 文件，建议使用 LZW 压缩。

➢ BMP 是在 DOS 和 Windows 平台上常用的一种标准图像格式，它支持 RGB、索引颜色、灰度和位图色彩模式，但不支持 Alpha 通道。

三、"首选项"设置

Photoshop 常规首选项执行"编辑"→"首选项"→"常规"命令，可弹出"首选项"对话框。

➢ 拾色器：有两个下拉选项，可选择默认拾色器或是系统拾色器。

➢ 用户界面字体大小：可以自定义用户调板字体的大小，用于不同屏幕分辨率的用户界面。

➢ 历史记录状态：设定历史记录调板中的步数。

执行"编辑"→"Photoshop"→"首选项"→"增效工具与暂存盘"命令，在"暂存盘"选项区中可以进行暂存盘的设定。

暂存盘完全受 Photoshop 的控制，设置至少要和可用的内存一样大。Photoshop 最多可设 4 个暂存盘，且对暂存盘可分配的大小无限制，限制就是可用的硬盘空间。如有多个硬盘，应采用转速最快的硬盘作为首个暂存盘，以保证较快的速度。最好将整个硬盘都用来作为 Photoshop 的暂存盘。

第二节　Photoshop 的基本工具

一、掌握选择工具

1. 常用的命令

（1）规则选框工具：此处所指的规则选框工具包括矩形选框工具、椭圆选框工具、单行选框工具和单列选框工具。它们在工具箱的左上角，选中"椭圆选框工具"，就会显示其选项栏。工具选项栏中，紧邻工具图标的右侧有 4 个图标，分别表示"创建新选区""添加到选区""从选区中减去"及"和选区相交"。在"羽化"后面的数据框中可输入数字来定义边缘晕开的程度，这在选区的制作中非常有用。在"样式"弹出菜单中有 3 个选项：正常；固定长宽比；固定大小，如图 4-7 所示。

图 4-7　选框工具选项栏

使用选框工具的技巧如下所述：

➢ 在按住【Option】、【Alt】键的同时单击工具箱中的选框工具，即可在矩形和椭圆形选框工具之间切换。在使用工具箱中的其他工具时，按键盘上的【M】键，即可切换到选框工具。按住【Shift】键的同时拖拽鼠标来创建选区，可得到正方形或正圆的选择范围。同时按住【Option】【Alt】和【Shift】键，可形成以鼠标的落点为中心的正方形或正圆的选区。

➢ 在形成椭圆或矩形选区时，用鼠标由左上角开始拖拽。若想使选择区域以鼠标的落点为中心向四周扩散，按住【Option】、【Alt】键的同时拖拽鼠标即可。制作完成的选择范围可通过执行"选择"→"存储选区"命令存储在"通道"调板中，下次使用的时候执行"选择"→"载入选区"命令调入即可。

（2）套索工具：工具箱中包含 3 种不同类型的套索工具，即自由套索工具、多边形套索工具和磁性套索工具。

➤ "自由套索工具"的用法是按住鼠标进行拖拽，随着鼠标的移动可形成任意形状的选择范围，松开鼠标后就会自动形成封闭的浮动选区。

➤ "多边形套索工具"可产生直线型的多边形选择区。方法是单击鼠标形成直线的起点，移动鼠标，拖出直线，再次单击鼠标，两个击点之间就会形成直线，依此类推。当终点和起点重合时，工具图标的右下角有圆圈出现，单击鼠标即可形成完整的选区。套索工具常用来增加或减少选择范围或对选区进行修改。

➤ "磁性套索工具"可在拖拽鼠标的过程中自动捕捉图像中物体的边缘以形成选区。选中工具箱中的磁性套索工具，会弹出其工具选项栏。

通常来讲，设定较小的"宽度"和较高的"边对比度"，会得到较准确的选择范围；反之，设定较大的"宽度"和较小的"边对比度"，得到的选择范围会比较粗糙。

在拖拽鼠标的过程中，如果没有很好地捕捉到图像的边缘，可单击鼠标手工加入固定点。

若要结束当前的路径，可双击鼠标，以形成封闭的选择区域。若要以直线点封闭选择区域，可在按住【Option】、【Alt】键的同时双击鼠标。

技巧

在使用磁性套索工具时，要改变套索宽度，可按键盘上的【［】和【］】键，按一次【［】键，宽度减少 1 个像素，按一次【］】键，宽度增加 1 个像素。

（3）魔棒工具："魔棒工具"是基于图像中相邻像素的颜色近似程度来进行选择的。"魔棒工具"选项栏中一个非常重要的选项即"容差"，它的数值范围为 0~255。"容差"数值越大，表示可允许的相邻像素间的近似程度越大，选择范围也就越大；"容差"数值越小，"魔棒工具"所选的范围就越小。当选中"连续的"复选框时可以将图像中连续近似的像素选中，否则会将当前图层所有的近似的像素一并选中；当选中"用于所有图层"复选框时，魔棒工具将跨越图层对所有可见图层起作用，如果不选中此复选框，魔棒工具只能对当前图层起作用。

（4）色彩范围命令的使用："选择"菜单下的"色彩范围"命令是一个利用图像中的颜色变化关系来制作选择区域的命令。它就像一个功能更加强大的魔棒工具，除了以颜色差别来确定选取范围外，它还综合了选择区域的相加、相减、相似命令，以及根据基准色选择等多项功能。第一次使用该命令时，会在对话框中看到一个黑色的图像预视区，当鼠标移进这个预视区时，光标便会变为一个吸管形式，用这个吸管在预视区内任意处单击，这一部分便会变为白色，而其余的颜色部分仍然保持黑色不变。单击"好"按钮，预视区中的白色部分便会转化为相应的选择区域，如图 4-8 所示。

颜色容差：拖动"颜色容差"对话框下方的三角滑块或者在对话框中直接输入数值都可调整选择的颜色范围，"颜色容差"的含义类似于前面介绍魔棒工具时提到的"容差"选项，数值越高，可选范围就越大，取值范围为 0 ~ 200。

选择区域的增减：选中带加号的吸管

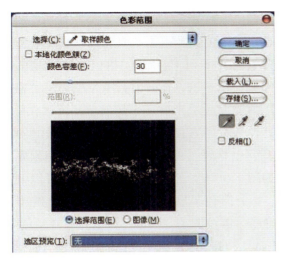

图 4-8　色彩范围对话框

在图中多处单击，直到要选择的区域全部或基本上包含进去为止，单击"好"按钮。带减号的吸管可减去多选的像素点，不带任何符号的吸管只能进行一次选择，也就是说，当选第二次时，第一次确定的选区就被取消了。甚至可以使用带加号或减号的吸管在画面中拖拽，来实现对大面积色彩范围的选取。

"色彩范围"命令所得到的选区，若有尚未选中的个别像素，可在按住【Shift】键的同时用套索工具将其圈选进来，加按【Shift】键的目的是在原来选区的基础上增加选区；或者在按住【Alt】键的同时用套索工具将多余的区域删除。

（5）快速蒙版（请参见本章第三节"三、掌握蒙版和通道工具"内容）

（6）路径工具（请参见本章第三节"二、掌握路径工具"内容）

　2. 修改选区

大多数情况下，第一次创建选区可能很难完成理想的选择范围，因此要进行第二次甚至第三次的选择，此时可以使用选择范围加减运算功能，这些功能可直接通过选项栏中的图标来实现。

（1）选区相加：如果要在已经建立的选区之外再加上其他的选择范围，首先要在工具箱中选择一种选框工具。例如，可选择"矩形选框工具"拖拽形成一个矩形选区，然后在"矩形选框工具"的选项栏中单击图标，或在按住【Shift】键的同时，再用此工具拖拽出一个矩形选区。此时所用工具的右下角便出现"＋"符号，松开鼠标后所得的结果是两个选择范围的并集。

（2）选区相减：对已经存在的选区可以利用选框工具将原有选区减去一部分。选择一种选框工具，如选择"椭圆选框工具"，先拖拽鼠标形成一个椭圆选区，然后在"椭圆选框工具"的选项栏中单击图标，或在按住【Alt】键的同时，再用此工具拖拽出一个椭圆选区。此时所用工具的右下角便出现"—"符号。

（3）选区相交：交集运算的结果将会保留两个选择范围重叠的部分。其做法为任选一种选框工具，例如，"椭圆选框工具"，先拖拽鼠标形成一个椭圆选区，然后在椭圆选框工具的选项栏上单击图标，或同时按住【Alt】键和【Shift】键，改用矩形选框工具拖拽一个矩形选区，此时所用工具的右下角会出现"×"符号。松开鼠标后所得的结果为两个选区的交集。

（4）关于修改命令：在"选择"菜单下有一个经常被用到的命令即"修改"命令，对于那些根据像素的颜色近似程度来确定的选区。

➢ 边界：类似于"镜像偏移"命令，用于创建同心圆、平行物体等。

➢ 平滑：通过魔棒或"颜色范围"命令产生的选区，用"平滑"命令进行处理，选择区域就会变得平滑得多，原来没有被选中的一些像素将被选中。

➢ 扩展：通过对像素增加可以扩展选区的轮廓。

➢ 收缩：通过对像素减小可以收缩选区的轮廓。

➢ 羽化：通过对像素改变可以使选区的边缘产生晕边效果。

（5）关于变形选区命令：在 Photoshop 中可对任何浮动的选择线进行变形的操作。当有浮动的选区时，执行"选择"→"变形选区"命令，会显示带有 8 个节点的方框。拖拽鼠标可对方框进行缩放及旋转操作，操作和裁切工具的用法相同。按键盘上的【Enter】键就可进行确认。若想取消操作，可按键盘上的【Esc】键。对图像的选区进行了放大缩小操作，对图像中的像素点没有影响。

提示

通过执行"图像"→"模式"子菜单中的命令，来转换颜色模式。由于有些颜色模式在转换后会损失部分颜色信息，因此，在转换前最好为其保存一个备份文件，以便在必要时恢复图像。

二、掌握绘图工具

1. 绘图工具的设置

（1）绘图工具的颜色设置：各种绘图工具画出的线条颜色是由工具箱中的前景色确定的，而橡皮擦工具擦除后的颜色则是由工具箱中的背景色决定的。

默认情况下，无论当前显示的是何种颜色，可按快捷键【D】将前景色和背景色切换到默认的黑色和白色。如果要设置其他颜色可通过下列方法。

➢ 拾色器：单击工具箱中的前景色或背景色图标，即可调出"拾色器"对话框。在对话框左侧，在任意位置单击鼠标，右上角就会显示当前选中的颜色，可以在此处输入数字直接确定所需的颜色，也可拖拽颜色导轨上的颜色滑块确定颜色范围，如图 4-9（a）所示。

➢ 颜色调板：执行"窗口"→"颜色"命令，即可调出"颜色"调板。在"颜色"调板中的左上角有两个色块用于表示前景色和背景色，如图 4-9（b）所示。单击调板右上角的三角按钮，通过拖拽三角滑块或输入数字可改变颜色组成。在"颜色"调板中可直接在颜色条中吸取前景色或背景色。

➢ 色板：当鼠标移到"色板"的空白处时，单击鼠标可将当前工具箱中的前景色添加到色板中。如果要恢复软件默认的情况，在"色板"右边的弹出菜单中选择"复位色板"，如图 4-9（c）所示。

➢ 吸管工具：可从图像中取样来改变前景色或背景色。按住【Alt】键同时在图像上单击，可在使用各种绘图工具时暂时切换到"吸管工具"，工具箱中的前景色显示为所选的颜色。这是快速绘图中较常用的方法。

➢ 颜色取样器工具：最多可使用 4 个取样点。选中"颜色取样器工具"并在图像上单击，生成取样点。

（2）绘图工具的形状定义：

➢ 选择预设的画笔：选择任一个绘图或编辑工具，在其选项栏中单击画笔形状预览图右侧向下的小三角，会出现画笔弹出式调板，可改变画笔的直径。执行"窗口"→"画笔"命令，单击"画笔预设"

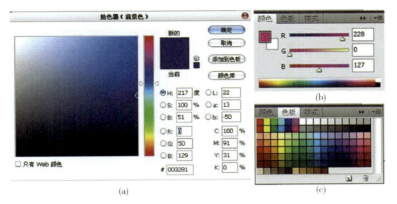

(a)

(b)

(c)

图 4-9　拾色器、颜色和色板对话框

其下方有一个可供预视画笔效果的区域。将鼠标在其上停留直到出现文字提示框，然后移动鼠标到不同预览图上，画笔调板下方会显示不同画笔所绘制的效果。

选择"载入画笔"命令，可在弹出的对话框中选择要加入的画笔。执行"复位画笔"命令，可恢复到软件初始的设置。执行"存储画笔"命令，可将当前调板中的画笔存储起来。

➢ 自定义画笔：方法是将需要定义为画笔的内容以一个选择区域圈选起来，执行"编辑"→"定义画笔"命令，在弹出的对话框中有一个默认且可修改的名称，完毕后单击"确定"，即可在画笔调板中出现一个新的画笔。定义的画笔形状的大小可高达"2500 像素 ×2500 像素"，如图 4-10（a）所示。

采用新定义的画笔，选择工具箱中的画笔工具，并改变不同的前景色，在一个新的白色背景上单击，得到如图 4-10（b）所示的效果。如果是一个渐变的背景，可看到画笔的透明效果，如图 4-10（c）所示。

 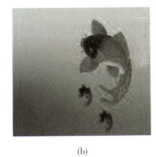 

(a)　　　(b)　　　(c)

图 4-10　自定义画笔的三种效果

（3）使用"绘图工具"时，在各自的工具选项栏中会涉及一些共同的选项，如不透明度、流量、强度或曝光度。

➢ 不透明度：用来定义画笔、铅笔等工具绘制的时候笔墨覆盖的最大程度。

➢ 流量：用来定义画笔、仿制图章、图案图章及历史画笔等工具绘制的时候笔墨扩散的量。

➢ 强度：用来定义模糊、锐化和涂抹工具作用的强度。

➢ 曝光度：用来定义减淡和加深工具的曝光程度。类似摄影技术中的曝光量，曝光度越大，透明度越低，反之，线条越透明。

2. 绘图工具的运用

（1）画笔工具：使用"画笔工具"可绘出边缘柔软的画笔效果。选中喷枪效果时，绘制线条时停顿的时间越长，色点的颜色也就越深，所占的面积也就越大。

"流量"数值的大小和喷枪效果作用力度有关。如果想使绘制的画笔保持直线效果，可在画面上单击鼠标键，确定起始点，然后在按住【Shift】键的同时将鼠标键移到另外一处，再单击鼠标键，两个点就会自动连成一条直线。

（2）铅笔工具：用它可绘出硬边线条，"铅笔工具"选项栏的弹出式调板中可看到硬边的画笔。在"铅笔工具"的选项栏中有一个"自动抹掉"选项。

选中此项后，如果铅笔线条的起点处是前景色，则铅笔工具将与橡皮擦工具相似，会将前景色擦除至背景色；如果铅笔线条的起点处是背景色，铅笔工具会与绘图工具一样使用前景色绘图；铅笔线条起始点的颜色与前景色和背景色都不同时，铅笔工具使用前景色绘图。

（3）橡皮擦工具：橡皮擦工具可将图像擦除至工具箱中的背景色，并可将图像还原到历史记录调板中图像的任何一个状态，单击弹出"橡皮擦工具"选项栏。在"模式"后面的弹出菜单中可选择不同的橡皮擦类型：画笔、铅笔和块。

在"橡皮擦工具"的选项栏中有一个"抹到历史记录"的复选框，选中此选项后，当"橡皮擦工具"移动到图像上时则变成图标，可将图像恢复到历史调板中任何一个状态。使用"橡皮擦工具"就可将图像恢复到此状态的样子。

（4）背景擦除工具：可将图层上的颜色擦除成透明，单击工具箱中的工具就会出现其选项栏。

➢ "限制"弹出式菜单中，选"不连续"可删除所有的取样色。

➢ "容差"选项是用来控制擦除颜色的范围。对于图像不希望被擦除的范围，可按住【Alt】键，单击不希望被擦除的颜色就可以了。

➢ "取样"弹出式菜单中可以设定所要擦除颜色的取样方式。

（5）魔术橡皮擦工具：用魔术橡皮擦工具在图层上单击时，工具会自动将所有相似的像素变透明。单击它的图标以显示其工具选项栏。

在工具选项栏中，可以输入颜色的"容差"数值。

选中"邻近"选项只会去除图像中和鼠标单击点相似并连续部分。

"用于所有图层"选项和 Photoshop 中的图层有关，不管在哪个层上操作，所用工具对所有的图层都起作用。

（6）渐变工具：单击"渐变工具"选项栏中渐变预视图标，弹出"渐变编辑器"对话框。

Photoshop cs 的渐变有线型、径向、角度、对称、菱形等多种样式，能满足绘图的所有要求。渐变调整的地方比较多，主要有：

➢ 渐变效果预视条下端有颜色标记点，图标的上半部分的小三角是白色，表示没选中，单击图标，上半部分的小三角变黑，表示已将其选中。

➢ 渐变效果预视条上有不透明度标记点，图标的下半部分的小三角是白色，表示没选中，下半部分的小三角变黑，表示已选中。

➢ 删除颜色标记点或不透明度标记点，用鼠标拖离渐变效果预视条。

➢ 增加颜色标记点或不透明度标记点，在效果预视条上任意位置单击。

➢ 渐变类型分实底和杂色，下面还有平滑度可以调整。

（7）油漆桶工具：单击此工具，就会出现油漆桶工具选项栏。具体有以下参数。

➢ 填充："前景"表示在图中填充的就是工具箱中的前景色。

➢ 容差：控制油漆桶工具填充的范围，数字越大，填充的范围越大。

➢ 消除锯齿：选中此复选框，可使填充的边缘保持平滑。

➢ 连续的：选中此选项填充的区域是和鼠标单击点相似并连续的部分。

➢ 所有图层：此选项和 Photoshop 中特有的"图层"有关，当选中此复选框后，所使用的工具对所有的层起作用。

3. 掌握 Photoshop 的修图工具

图像修饰工具包括：仿制图章、图案图章、污点修复画笔等工具，可以使用它们来修复和修饰图像。

（1）仿制图章：使用它可准确复制图像的一部分或全部从而产生某部分或全部的拷贝，它是修补图像时常用的工具。单击工具箱中的"仿制图章工具"，弹出工具选项栏。在"模式"弹出菜单中选择复制的图像以及与底图的混合模式，并可设定"不透明度"和"流量"，还可以选择"喷枪效果"。仿制图章工具使用方法：

➢ 在"仿制图章工具"的选项栏中选软边和大小适中的画笔，然后将光标移到图像中，按【Alt】键且单击鼠标键确定取样的起点。

➢ 将鼠标移到图像中另外的位置，当按下鼠标键时，拖拽鼠标就会将取样位置的图像复制下来。

➢ "仿制图章工具"还可从任何一张打开的图像上取样后复制到现用图像上，但却不改变现用图像和非现用图像的关系。

（2）图案图章工具：使用"图案图章工具"可将各种图案填充到图像中。和前面所讲的仿制图章工具的设定项相似。不同的是，"图案图章工具"直接以图案进行填充，不需要按住【Alt】键进行取样。

可选择预定好的图案，也可自定义，方法是用"矩形选框工具"选择一个没有羽化设置的区域，执行"编辑"→"定义图案"命令，弹出"图案名称"对话框，在"名称"栏中输入图案的名称，单击"好"按钮即可。

"图案图章工具"选项栏中同样有一个"对齐的"复选框，选中该框时，无论复制过程中停顿多少次，图案位置都会非常整齐。选中"对齐的"复选框后多次单击鼠标键后的填充结果和不选中"对齐的"复选框后多次单击鼠标键后填充结果如图 4-11 所示。

源物体　　　　点选对齐选项

未点选对齐选项

图 4-11　使用图案图章工具的效果

（3）艺术克隆："图案图章工具"可以作为"艺术克隆工具"。操作步骤如下：

打开目标处理效果图像，将整个图像作为定义图案，不用制作矩形选区，直接执行"编辑"→"定义图案"命令。将整个图像都定义为图案。

可选中"对齐的"和"印象派效果"复选框。打开画笔选项，选择其中任意选项，再调整笔刷直径，使用大的画笔笔刷绘制背景区域，使用小的画笔笔刷绘制近景部分。用不同大小的画笔笔刷的刷头对画面进行调整，绘制艺术效果是随意性的，需要一些尝试。

（4）污点修复画笔工具：使用图像或图案中的样本进行绘画，并将样本的纹理、光照、透明度和阴影与所修复的像素相匹配。在工具选项栏中，在画笔弹出调板中选择画笔的大小来定义修复画笔工具的大小和形状；在"模式"后面的弹出菜单中选择自动修复的像素和底图的混合方式。

（5）修复画笔工具：用于修复图像中的缺陷，并能使修复的结果自然溶入周围的图像。它是从图像中取样复制到其他部位，或直接用图案进行填充。在工具选项栏和图章工具类似。在画笔弹出调板中只能选择圆形的画笔，可调节画笔的粗细、硬度、间距、角度和圆度的数值。

在"源"后面有两个选项，当选中"取样"时，和仿制图章工具相似，首先按住【Alt】键确定取样起点，然后松开【Alt】，将鼠标移动到要复制的位置，单击或拖拽鼠标；选中"图案"时，和图案图章工具相似，在弹出调板中选择不同的图案或自定义图案进行图像的填充。

在两个图像之间进行修复工作，要求两个图像有相同的图像模式。按【Option】、【Alt】键在左侧的图像中单击确定取样起点，松开后在右侧图像中拖拽鼠标。松开

鼠标键，软件开始进行运算，可看复制到图像中的风景和图像原来的色相、亮度保持很好的融合，无像图章工具的生硬之感。

（6）修补工具：使用它可以从图像的其他区域或使用图案来修补当前选中的区域。与修复画笔工具相同之处是修复的同时也保留图像原来的纹理、亮度及层次等信息。在图案调板中选择图案，然后单击"使用图案"按钮，图像中的选区就会被填充所选择的图案。可以通过执行"选择"→"羽化"命令给选区设定羽化值。

（7）红眼工具：可以移去闪光灯拍摄的人物照片中的红眼，也可以移去用闪光灯拍摄的动物照片中的白色或绿色反光。红眼是由于相机闪光灯在视网膜上反光引起的。

打开目标修改红眼图像，在工具栏中选择红眼工具，在需要修复红眼的图像处使用鼠标单击，如结果不满意可以使用【Ctrl】+【Z】键进行撤销，调整工具选项栏中"瞳孔大小"和"变暗量"的变量，反复使用红眼工具单击修复红眼，直到结果满意为止。

（8）颜色替换工具：使用颜色替换工具能够简化图像中特定颜色的替换。可以用校正颜色在目标颜色上绘画。主要调节方式有以下几点。

➤ 取样："连续"在鼠标拖移时对图像颜色进行连续取样；"一次"只替换第一次单击颜色所在区域中的目标颜色；"背景色板"只抹除图像中包含当前背景色的区域。

➤ 限制："不连续"替换出现在鼠标指针下任何位置的样本颜色；"邻近"替换与紧挨在鼠标指针下的颜色邻近的颜色；"查找边缘"用来替换包含样本颜色的相连区域，同时更好地保留形状边缘的锐化程度。

➤ 容差：用来输入一个百分比值或者

拖拽滑块。选取较低的百分比可以替换与目标点像素非常相似的颜色，而增加该百分比可替换范围更广的颜色。

➢ 消除锯齿：用来为所校正的区域定义平滑的边缘。

（9）模糊 / 锐化工具："模糊工具"可使图像的一部分边缘模糊。"锐化工具"可增加相邻像素的对比度，将较软边缘明显化，使图像聚焦。按住【Alt】键的同时单击工具箱中的图标即可在模糊工具和锐化工具之间切换。两者工具选项栏也是相同的。

（10）涂抹工具：用于模拟用手指涂抹油墨的效果，以"涂抹工具"在颜色的交界处作用，会有一种相邻颜色互相挤入而产生的模糊感。在选项栏中，可以通过"强度"来控制手指作用在画面上的工作力度。当选中"手指绘画"复选框时，每次拖拽鼠标绘制的开始就会使用工具箱中的前景色。

（11）减淡 / 加深 / 海绵工具：

➢ 减淡用来调整图像的细节部分，可使图像的局部变淡、变深或使色彩饱和度增加或降低。单击工具箱中的"减淡工具"，弹出"减淡工具"选项栏。可设定不同的"曝光度"。

➢ 加深工具可使细节部分变暗。

➢ 海绵工具用来增加或降低颜色的饱和度。单击工具箱中的"海绵工具"，在"海绵工具"选项栏中可选择"加色"选项增加图像中某部分的饱和度，另外也可选择"喷枪效果"。

如果在画面上反复使用海绵的去色效果，则可能使图像的局部变为灰度；而使用加色方式修饰人像面部的变化时，又可产生绝好的上色效果。

利用加深和减淡、海绵工具将一群小鱼变换的更加富有层次，如图 4-12 所示。

图 4-12　使用"加深和减淡""海绵工具"的效果

第三节　Photoshop 的图像处理

一、掌握图层工具

图层是 Photoshop 中非常重要的一个概念，也是提升图像效果的关键。在处理图像的过程中，几乎每个步骤都要用到图层。

1. 图层的基本概念

图层是创作各种合成效果的重要途径，可将不同的图像放在不同的图层上进行独立操作，而对其他图层中的图像没有影响。还可以通过更改图层的顺序和属性，改变图像的效果。另外，调整图层、填充图层和图层样式这样的特殊功能可用于创建复杂效果。可以将图层想象成是一张张重叠的醋酸纸，透明度的调节能够使操作者看透下面的图层，如图 4-13 所示。

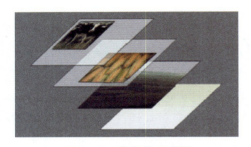

图 4-13　图层的示意图

➤ 图层调板是用来管理和操作图层的，一般位于工作界面的右下角，单击"图层"标签即可切换到图层调板中，如果桌面上没有显示图层调板，可执行"窗口"→"图层"命令将图层调板调出。

➤ 填充图层是采用填充的图层制造出特殊效果，填充图层共有三种形式：纯色、渐变和图案。

➤ 调整图层：存储后的图像不能再恢复到以前的色彩状况，"调整图层"的引入解决了这一问题。可以建立一个"调整图层"，在其中进行各种色彩调整。调整图层还同时包括不透明度、色彩模式及图层蒙版等功能。

➤ 图层样式：这是一种在图层中应用投影、发光、斜面、浮雕和其他效果的快捷方式。使用图层效果后，即使改变了图层内容，这些效果也会自动更新。

2. 图层的基本操作

（1）创建新图层：在 Photoshop 中共有下列几种方法可以建立新图层。

单击图层调板下方的按钮建立新图层单击图层调板底部的图标，在图层调板中就会出现一个名叫"图层 1"的空图层。

➤ 通过图层调板的弹出菜单，在图层调板中建立新图层，单击调板右边的小三角会弹出菜单，选择菜单中的"新图层"命令，接着弹出"新图层"对话框，可设定"不透明度"和"模式"等。

➤ 通过"拷贝"和"粘贴"命令建立新图层首先使用"选框工具"确定选择范围，如果整幅图像都要粘贴过去，可通过执行"选择"→"全选"命令将图像全选后，执行"编辑"→"拷贝"命令进行拷贝。切换到另一幅图像上，执行"编辑"→"粘贴"命令。软件会自动给所粘贴的图像建一个新图层。

➤ 通过拖放建立新图层可同时打开两张图像，然后选择工具箱右上角的移动工具，按住鼠标将当前图像拖拽到另一张图像上，拖拽的图像被复制到一个新图层上，而原图不受影响。

➤ 直接执行"图层"→"新建"→"图层"命令。用工具箱中的选框工具确定一个选区，然后执行"图层"→"新建"→"通过拷贝的图层"命令。

➤ 确定一个矩形选区，然后执行"图层"→"新建"→"通过剪切的图层（或通过复制的图层）"命令，建一个新图层。通过此命令新建图层后，原始图层上选中的区域将被裁掉，被裁掉的部分放在了新图层上。

➤ 在图层调板中选中"背景"图层，

执行"图层"→"新建"→"背景图层"命令可以将背景图层转换为新图层。也可以双击图层调板中的背景图标。

（2）图层的编辑命令：

①图层的显示与隐藏：当图层中的眼睛图标显示时，表示这个图层是可见的。单击眼睛图标，即可隐藏该图层，再次单击则会重新显示该图层。

②图层的复制、删除与移动：

➤ 在图层调板中，将要复制的图层用鼠标拖曳到下面的图标上，会弹出一个带有"副本"字样的新图层，即完成图层复制。也可以在图层调板右边的弹出菜单中选择"复制图层"命令，或执行"图层"→"复制图层"命令。

➤ 如果要删除图层，可用鼠标将图层拖拽到图层调板右下角的垃圾桶图标上，或在图层调板右边的弹出菜单中选择"删除图层"命令；或执行"图层"→"删除图层"命令。

➤ 要每移动图层 10 像素的距离，可在按住【Shift】键的同时按键盘上的箭头键；要控制移动的角度，可在移动时按住【Shift】键，就能以水平、垂直或 45°角移动；要以 1 个像素的距离移动，可直接按键盘上的方向键（【↑】、【↓】、【←】、【→】键）。每按一次，图层中的图像或选中的区域就会移动 1 个像素。

③图层的锁定：将图层的某些编辑功能锁住，可以避免不小心将图层中的图像损坏。在图层调板中的"锁定"后面提供了四种图标，分别是锁定图层中的透明部分、锁定图层中的图像编辑、锁定图层的移动和全部锁定。当用鼠标单击,图标凹进,表示选中此选项，再次单击图标弹起，表示取消选择。

锁定图层中的透明部分，在图层中没有像素的部分是透明的，或者是空的。所以在使用工具箱中的工具或执行菜单命令时，可以只针对有像素的部分进行操作，方法是将图层调板中的图标选中即可。当图层的透明部分被锁定后，在此图层的后面会出现一个部分锁定的小锁的图标，锁定全部链接图层。

➤ 选择锁定图层中的图像编辑后，不管透明还是图像部分都不允许编辑。

➤ 选择锁定图层的移动后，图层上的图像就不能被移动或进行任何编辑。

➤ 锁定图层的全部选中后，图层或图层组的所有编辑功能将被锁定，图像将不能进行任何编辑。

➤ 锁定全部链接图层在图层被链接的情况下，可以快速地将所有链接的图层锁定。执行"图层"→"锁定图层"命令，可以弹出"锁定图层"对话框。

④图层之间的对齐和分布：如果图层上的图像需要对齐，除了使用参考线进行参照之外，还可以执行"图层"→"对齐"命令来实现。首先需要将各图层链接起来，然后执行"图层"→"对齐"命令，在其后的子菜单中可选择不同的对齐标准，分别为：顶边、垂直居中、底边、左边、水平居中和右边。以上所提到的所有子菜单项目都可通过单击选项栏中的各种对齐和分布的按钮来实现。

如图 4-14（a）所示，3 个物体分别在 3 个图层上，在图层调板中将 3 个图层链接起来，然后执行"图层"→"对齐链接图层"→"水平居中"和"图层"→"对齐链接图层"→"垂直居中"命令，用"移动工具"将 3 个链接的图层移动到图层中心位置，其结果如图 4-14（b）所示。

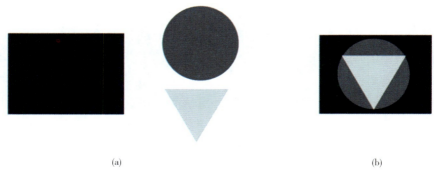

(a)　　　　　　　　　　　　　　　　　(b)

图 4-14　图层的"对齐"命令

⑤图层的合并：在图层调板右边的弹出菜单中有 3 个命令，即向下合并、合并可见图层和拼合图层，在图层主菜单中也有这 3 个命令。如果选择"向下合并"命令，当前选中的图层会向下合并一层。如果将图层链接起来，原来的"向下合并"命令就变成了"合并链接图层"命令，可将所有的链接图层合并。如果要合并的图层处于显示状态，而其他的图层和背景隐藏，可以选择"合并可见图层"命令，将所有可见图层合并，而隐藏的图层不受影响。如果所有的图层和背景都处于显示状态，选择"合并可见图层"命令后，将都被合并到背景上。"拼合图层"命令可将所有的可见图层都合并到背景上，隐藏的图层会丢失，但选择"拼合图像"命令后会弹出对话框，提示是否丢弃隐藏的图层，所以选择"拼合图层"命令时一定要注意。

⑥修边：在 Photoshop 中复制粘贴图像时，有时会带有原背景的黑色或白色边缘，为此，Photoshop 提供了"修边"功能，这个功能可以使合成图像的边缘更加平滑与自然。选择需要修整的图层后，执行"图层"→"修边"命令。

技巧

按【Ctrl】键，选中全部要合并的图层，然后执行快捷键【Ctrl】+【E】，就可以将选中的所有图层合并。如果要合并的图层是连续的，则可以按【Shift】键选中最上面的图层和最下面的图层就可将两者之间的所有图层选中，执行【Ctrl+E】就可将其合并。

3. 图层的效果运用

在"图层样式"对话框中可设定 10 种不同的图层效果，存放在"样式"调板中随时调用。

➢ 投影：在图层内容背后添加阴影。

➢ 内阴影：添加正好位于图层内容边缘内的阴影。

➢ 外发光和内发光：在图层内容边缘的外部或内部增加发光效果。

➢ 斜面和浮雕：将各种高光和暗调组合添加到图层中。

➢ 光泽：在图层内部根据图层的形状应用阴影。

➢ 颜色叠加、渐变叠加和图案叠加：在图层上叠加颜色、渐变或图案。

➢ 描边：使用颜色、渐变或图案在当前图层的对象上描画轮廓，它对于硬边形状特别有用。这些效果运用比较简单，在各自的对话框中就可以完成。

4. 文字图层的运用

文字也是由像素组成，与图像具有相同的分辨率和图像一样放大后会有锯齿。但是 Photoshop 保留了文字的矢量轮廓，可在缩放文字、调整文字大小、存储 PDF 或 EPS 文件，生成的文字可产生清晰的、不依赖于图像分辨率的边缘。

（1）创建文字图层：工具箱中共包含 4 种文字工具，当使用"横排文字工具"时，表示输入水平文字；当使用"直排文字工具"时，表示输入垂直的文字，在图层调板中会自动创建相应的文字图层；而使用"横排文字蒙版工具"时，在图像中单击，同样会出现插入光标，但整个图像会被蒙上一层半透明的红色，单击工具箱中的"其他工具"，蒙版状态的文字转变为浮动的文字边框，相当于创建的文字选区。

Photoshop 有两种输入文字的方式。一种是输入少量文字，一个字或一行字符，被称为"点文字"；另一种是输入大段的需要换行或分段的文字，被称为"段落文字"。

生成的段落文字框和执行"自由变换"命令的图像一样，有 8 个把手可控制文字框的大小和旋转方向，文字框的中心点图标表示旋转的中心点，按住【Ctrl】（Windows 操作系统）键的同时可用鼠标拖拽改变中心点的位置，从而改变旋转的中心点。用鼠标拖拽文字框的把手可缩小段落文字框，但不影响文字框内文字的各项设定，只是放不下的文字会被隐含，文字框右下角的角把手成为"田"字形，表明还有文字没有显示出来，如图 4-15（a）所示。按住【Ctrl】键的同时拖拽文字框四角的角把手，不仅可放大或缩小文字框，文字也同时被放大或缩小，如果加按【Shift】键，是成比例缩放，文字不会被拉长或压扁，如图 4-15（b）所示。按住【Ctrl】键的同时，将鼠标放在文字框各边框中心的边框把手上拖拽，可使文字框发生倾斜变形，如图 4-15（c）所示，如果加按【Shift】键，可限制变形的方向。

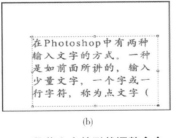 

图 4-15　段落文字的形状调整命令

（2）文字的修改命令：

①文字变形："变形文字"对话框，对于文字图层中输入的文字可以通过"变形"选项进行不同形状的变形，如波浪形、弧形等。

②文字转换：执行"图层"→"栅格化"→"文字"命令栅格化文字图层，使文字转换为普通层，就可以执行各种滤镜的效果。文字转换为工作路径或形状的方法是单击"图层"→"文字"菜单下，有"创建工作路径"和"转换为形状"命令。许多图像中的艺术文字，大多是通过 Photoshop 处理的。

二、掌握路径工具

使用"钢笔工具"创建路径是 Photoshop

编辑相对复杂图形的重要方法，然后熟练掌握选区和路径之间的转换。

1. 用钢笔工具创建路径

路径是由锚点组成的。锚点是定义路径中每条线段开始和结束的点，可以通过它们来固定路径。

如图 4-16（a）所示，左图中的圆圈表示选中的曲线路径，两边的曲线锚点有把手，可以通过把手来调节曲线；右图中的圆圈表示没选中的锚点，是空心的正方形。如图 4-16（b）所示，左图中的圆圈表示选中的端点，右图中的圆圈表示选中的锚点，所有选中的锚点都是以实心正方形表示的。

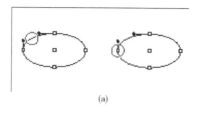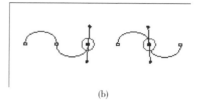

(a)   (b)

图 4-16　描点的调节

利用路径工具栏上的工具可以绘制直线、曲线、矩形圆等图形，如图 4-17 所示。方法比较简单，具体有以下技巧。

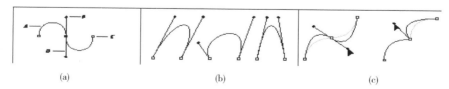

图 4-17　路径工具栏

绘制直线时按住【Shift】键可保证生成的直线是水平线、垂直线或为 45° 倍数角度的直线。要结束一条开放的路径，可按住【Ctrl】键并单击路径以外的任意处。要封闭一条路径，可将"钢笔工具"放在第一个锚点上，当放置正确时，在"钢笔工具"笔尖的右下角会出现一个小的圆圈，单击鼠标即可使路径封闭。

使用"曲线工具"，每一个选定的锚点都显示一条或两条指向方向点的方向线。方向线和方向点的位置决定了曲线段的形状，如图 4-18（a）所示。方向线总是和曲线相切的。每一条方向线的斜率决定了曲线的斜率，移动方向线可改变曲线的斜率，如图 4-18（b）所示。每一条方向线的长度决定了曲线的高度或深度。

当移动平滑点上的一条方向线时，该点两边的曲线同时被调整。相反，当移动角点上的方向线时，只有与方向线同向的曲线才进行调整，如图 4-18（c）所示。

(a)   (b)   (c)

图 4-18　曲线的锚点方向线和方向点

2. 调整和修改路径

（1）添加、删除和转换锚点：可以在任何路径上添加或删除锚点。添加锚点可以更好地控制路径的形状。同样，可以删除锚点来改变路径的形状或简化路径。如果路径中包含太多的锚点，删除不必要的锚点可减少路径的复杂程度，这对简化文件非常有帮助。

（2）移动和调整路径：可以通过移动两个锚点之间的路径片段、路径上的锚点、锚点上的方向线和方向点来调整曲线路径。若要在绘制路径时快速调整路径，可在使用"钢笔工具"的同时按住【Ctrl】键，即可切换到箭头状的"选择工具"，选中路径片段或锚点后可直接进行路径调整，按【Ctrl】键就可恢复到"钢笔工具"。

3. 路径和选择范围间的转换

绘制好路径后，可将路径转换成浮动的选择线，路径包含的区域就变成了可编辑的图像区域。转换的方法是直接用鼠标将路径调板中的路径拖到调板下面的图标上，在图像窗口中即可看到转化完成的选择范围。

也可在路径调板右上角的弹出菜单中选择"建立选区"命令，在出现的对话框中选择"羽化半径"的程度。如果当前图像中已有选择区域，可在"操作"选项区中选择转化后的选区和现有选区的相加、相减和相交。

4. 编辑路径的工具有填充路径、描边路径、剪贴路径等

实践操作：用路径工具绘制文字。

打开案例图片，围绕着花瓣画一条路径，如图 4-19（a）所示。

点选文字图标，将箭头移至路径开端，当箭头变成斜杠时，点选输入文字，最终效果如图 4-19（b）所示。

(a)   (b)

图 4-19 用路径工具绘制文字效果

三、掌握蒙版和通道工具

蒙版可以用来将图像的局部分离开来，保护图像的某部分不被编辑。当基于一个选区创建蒙版时，没有选中的区域成为被蒙版蒙住的区域，也就是被保护的区域，可防止被编辑或修改。Photoshop 也利用通道存储颜色信息和专色信息。和图层不同的是，通道不能打印，但可以使用"通道"调板来观看和使用 Alpha 选区通道。

1. 剪贴蒙版

剪贴蒙版可以使用图层的内容来蒙盖它上面的图层。底部或基底图层的透明像素蒙盖它上面的图层的内容。

剪贴蒙版中只能包括连续图层。图层样式对话框中的"将剪贴图层混合成组"

选项可确定基底效果的混合模式是影响整个组还是只影响基底图层。

实践操作：使用剪贴蒙版路径工具。

（1）打开一张范例图，并在背景层下面新建一个空白层。

（2）在路径工具栏中选取形状"拼贴4"，图层摆放顺序如图4-20所示。

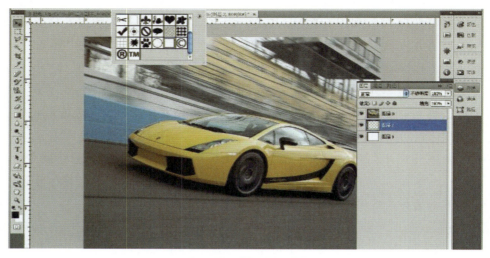

图4-20　图层摆放顺序

（3）然后将两幅图编组，记住当前层一定要放在首层，执行【Ctrl】+【G】快捷键，或者把鼠标放在要编组的两个图层之间，按下【Alt】键，原来鼠标的箭头变成剪刀，点左键确定，完成效果如图4-21所示。

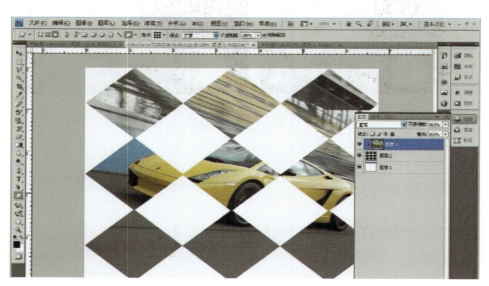

图4-21　剪贴蒙版完成效果

2. **快速蒙版、通道蒙版和渐变蒙版**

（1）在快速蒙版状态下，可以用"画笔工具"对快速蒙版进行编辑来增加或减少选区。快速蒙版状态的优势就是可以使用几乎所有的工具或滤镜对蒙版进行编辑，甚至可以使用选择工具。

在快速蒙版模式下，Photoshop 自动转换为灰阶模式，前景色为黑色，背景色为白色。当用工具箱中的绘图或编辑工具时，应遵守以下原则：当绘图工具用白色相当于擦除蒙版，红色覆盖的区域变小，选择区域就会增加；当绘图工具用黑色相当于增加蒙版面积，红色的区域变大，也就是减少选择区域。

（2）通过快速蒙版制作的选区只是一个临时的选区，如果不小心单击了选区以外的部分，就会导致选区的丢失。Photoshop 提供了 Alpha 选区通道，可用来存储制作的选区。将选区存储在 Alpha 选区通道中可使选区永久保留，可在以后随时调用，也可用于其他的图像中。Alpha 通道中的蒙版也可使用绘画和编辑工具编辑。

（3）蒙版除了用黑色表示被隐藏的区域，用白色表示被选中的区域外，还可以用不同的灰度表示不同的透明度。如使用渐变效果编辑蒙版，当在通道中用不同的灰度绘图时，将使图像具有不同程度的可见度。

实践操作：快速蒙版和渐变蒙版的使用方法。

（1）执行"文件"→"打开"命令打开文件。使用菜单"选择"→"色彩范围"，在花上的任意白色的位置单击，就会出现一个有闪动边线的选区，如图 4-22 所示。

图 4-22　色彩选择完成效果

（2）单击快速蒙版模式按钮。双击快速蒙版按钮，弹出"快速蒙版选项"对话框，设置色彩指示为"所选区域"，并单击颜色下的红色色块，选取一个与图像反差比较大的颜色作为半透明"膜"的颜色。

（3）使用"画笔工具"绘制，白色擦除蒙版不需要的区域，黑色增加蒙版的面积，最后完成选区的选择；为了防止选区丢失，将此选区存储为 Alpha 选区通道，使之成为永久性的选区。在通道调板中，单击 RGB 图像的复合通道，显示整个图像。执行"选择"→"载入选区"命令，在弹出的对话框中单击"好"。

（4）在通道调板中，单击调板最下方的创建新通道的按钮，在通道调板中就会出现一个新的 Alpha 选区通道，在此通道上双击，将名称修改为"Gradient"，为了保证渐变的垂直方向，按住【Shift】键，用渐变工具由上向下拖拽鼠标，如图 4-23 所示。

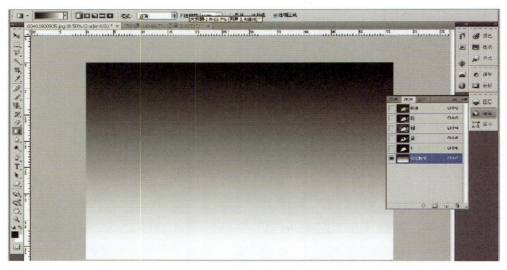

图 4-23　"垂直渐变"滤镜效果

（5）在通道调板中，单击 RGB 通道，使图像窗口中显示彩色图像，将 Gradient 通道拖拽到通道调板底部左边的第一个图标上，此操作和执行"选择"→"载入选区"命令的效果是完全相同的。确认工具箱中的前景色和背景色是默认状态，按键盘上的【Delete】键，可看到如图 4-24 所示的效果。

图 4-24　滤镜完成效果

四、掌握滤镜工具

Photoshop 的滤镜效果非常多，除了软件本身提供的滤镜效果外，还有许多第三方的外挂滤镜效果，直接将第三方的滤镜放在"增效工具"文件夹中，再次启动 Photoshop 的时候即可使用这些滤镜效果。

1. 艺术效果

"艺术效果"滤镜主要用来表现不同的绘画效果，通过模拟绘画时使用的不同技法，以得到各种精美艺术品的特殊效果，对话框中有很多样式供选择，对话框及效果如图 4-25 所示。

2. 模糊

"模糊"滤镜的作用主要是使图像看起来更朦胧一些，即降低图像的清晰度，降低局部细节的相对反差，而使图像更加柔和，增加对图像的修饰效果。

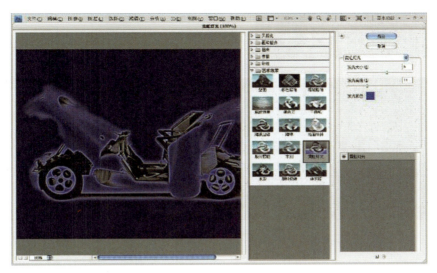

图 4-25　"艺术效果"滤镜中的霓虹灯效果

➢ "模糊"和"进一步模糊"没有任何控制选项，其效果都是消除图像中有明显颜色变化处的杂色，使图像更朦胧一些。

➢ "径向模糊"滤镜产生"旋转"或"缩放"式的模糊效果，在"模糊中心"框中单击或拖移图案来指定旋转的中心点或发散的原点。

➢ "特殊模糊"在模糊的同时，也保护图像中颜色边缘的清晰，只在色差小于阈值的颜色区域内进行模糊操作。

➢ "平均"用于找出图像或选区的平均颜色，然后用该颜色填充图像或选区以创建平滑的外观。

➢ "镜头模糊"向图像中添加模糊以产生明显的景深效果。利用"镜头模糊"时，通过建立选区和 Alpha 通道来确定模糊的区域，并在其对话框中设定是对选区内还是对选区外的图像模糊处理。

➢ "形状模糊"使用指定的内核来创建模糊。从自定形状预设列表中选取一种内核，并使用"半径"滑块来调整其大小，通过点按三角形并从列表中进行选取，可以载入不同的形状库。

➢ "方框模糊"基于相邻像素的平均颜色值来模糊图像，用于创建特殊效果，计算给定像素的平均值的区域大小，半径越大产生的模糊效果越好。

➢ "表面模糊"在保留边缘的同时模糊图像，与特殊模糊的效果有点相似，此滤镜用于创建特殊效果并消除杂色或粒度。色调值差小于阈值的像素被排除在模糊之外。

➢ "动感模糊"沿指定方向（-360°～+360°）以指定强度（1~999）进行模糊。此滤镜的效果类似于模拟在固定的曝光时间给一个移动的对象拍照，形成高速的拖影效果。

实践操作：模拟光照效果的金属字。

（1）首先创建一个 600×200 的图像，背景色用深色，然后用浅颜色写上些字，并将文字层栅格化（图层→栅格化→文字）。

（2）在图层面板按住【Ctrl】键单击文字图层以选中文字，切换到通道面板，将选区保存为通道，如图 4-26 所示。

图 4-26　原图和保存为通道的效果

（3）激活刚刚保存的 Alpha 1 通道，保持文字部分的选中状态，执行"滤镜"→"模糊"→"高斯模糊"若干次，第一次模糊半径为 8px，第二次模糊半径 6px，第三次 2px，第四次 1px。这样做的目的是要产生文字体到背景色的平滑过渡。

（4）现在选区的边缘会出现好多锯齿，按下键盘的【Ctrl】+【Alt】+【I】反转选区，然后按【Delete】键以删除锯齿边缘。放大观察，边缘光滑很多了。

（5）然后按【Ctrl】+【~】键返回 RGB 通道，确保选择的图层是文字图层，执行"滤镜"→"渲染"→"光照效果"。设置材质通道（Texture Channel）为刚才的 Alpha 1 通道，再随意调节灯光至目标效果，确定即可。

（6）执行结果的某些部分看起来不光滑，可以锁定文字图层的透明像素（图层面板上方的"透明"按钮），执行几次半径较小的"高斯模糊"即可。

（7）最后右键单击文字图层，选择混合选项，添加投影效果即可，如图 4-27 所示。

图 4-27　执行高斯模糊和添加投影的效果

思考与练习

➢ 分别打开 Photoshop 和 AutoCAD 文件，通过放大缩小观察理解位图和矢量图的区别。

➢ 用 Photoshop 打开一张图片，完成图像大小的更改和另存为各种文件格式的练习。

➢ 学生自行在网上寻找不同类型背景的图片，进行选择工具的练习。不同类型背景的图片包括：前景色与背景色反差大的、前景边缘比较清楚的、边缘比较复杂的，如毛发之类的。试着用有针对性的选择工具能够方便高效地完成任务。

Photoshop 室内设计运用训练

课题名称： Photoshop 室内设计运用实训

课题内容： "中国风"室内效果图的效果处理

"镜头校正"室内效果图的视角调节

"消失点"室内效果图的细节修饰

"照片"室内效果图的直接绘制

"二维"室内效果图的综合制作

课题时间： 12 课时

教学目标： 本章主要讲解如何运用 Photoshop 解决设计中的问题，涉及图层、路径、滤镜、通道和蒙版工具的相关内容。这些都是 Photoshop 中比较高级的命令，它们的高级不光是体现在复杂程度上，更重要的是在具体的绘图中熟练地运用，就能达到一切可以想要的效果。

教学重点： Photoshop 在室内效果图制作中，主要作用是前期修改材质贴图和后期处理，处理有两个方面，一般是修复效果图光线和层次的不足，添加一些陈设和特殊效果来丰富画面，这些因图而异；另外，可以结合 AutoCAD 输出的位图制作彩色平面效果图，达到使图纸形态逼真、色彩协调、层次丰富的作用。

教学方式： 多媒体课件演示结合上机操作。

第五章　Photoshop 室内设计运用训练

第一节　"中国风"室内效果图的效果处理

在一些仿古设计方案中，要求效果图除反映出设计的造型、结构、色彩、材质外，还能表现出中国古典风格的韵味，中国古典风格图像效果最佳的体现方式是中国水墨画。这个可以利用 Photoshop 达到这个效果。

（1）打开原图，如图 5-1 所示。调整色阶，压暗画面色彩深度，具体如图 5-2 所示。

图 5-1　原图效果

（2）新建图层 1，按【Ctrl】+【Alt】+【Shift】+【E】盖印图层，执行滤镜"高斯模糊"，数值为"5"，确定后将图层混合模式改为"变亮"。

（3）新建图层 2，填充黑色，图层混合模式改为色相，不透明度改为"71%"。

图 5-2　色阶的调节

（4）新建图层 3，盖印图层，然后打开"滤镜库"→"艺术效果"→"水彩"，参数设置如图 5-3 所示。

图 5-3　水彩滤镜的调节

（5）新建图层 4，填充淡青色，混合模式改为"柔光"，降低不透明度。

（6）最终加上一些古典装饰文字和印章，渲染水墨画的气氛，古典字体可以下载一些文鼎、长城书法字库安装，也可以直接在网上下载分辨率较高的书法图片，底色必须为白色。叠加到原图上，将图层混合模式改为线性加深，不透明度为"60%"。再使用"编辑"→"变换"→"透视"命令，调整至合适位置和角度。完成最终效果如图 5-4 所示。

图 5-4　完成最终效果

第二节　"镜头校正"室内效果图的视角调节

在环境艺术设计专业中，对于室内外设计的作品，无论是照片还是效果图，都会出现一些视角变形的问题，有的是角度问题，有的是景深问题，都比较难调整。Photoshop有一款滤镜针对这些问题，有一定效果。

一、室内设计中的镜头校正

（1）打开原图，分析问题，在 3ds Max 中设置摄像机视角有一些偏差，导致构图有些变形，如图 5-5（a）；菜单栏选择"滤镜"→"扭曲"→"镜头校正"命令，出现"镜头校正"对话框，如图 5-5（b）所示。

（2）对"移去扭曲"选项进行调整，

就可以将扭曲纠正，再对变换选项的垂直透视做一些调整，必要时可配合使用角度工具，如图 5-6 所示。

（3）出现边缘透明的情况，如图 5-7（a）所示，使用"剪裁工具"对图像进行剪裁，得出结果如图 5-7（b）所示。

二、建筑外观的镜头校正

（1）打开原图，分析问题，发现角度有偏差，中间有些变形，如图 5-8（a）所示；菜单栏选择"滤镜"→"扭曲"→"镜头校正"命令，出现"镜头校正"对话框，如图 5-8（b）所示。

(a)　　　　　　　　　　　　　　　　　(b)

图 5-5　案例原图和"镜头校正"对话框

图 5-6　"移去扭曲"选项和"垂直透视"选项

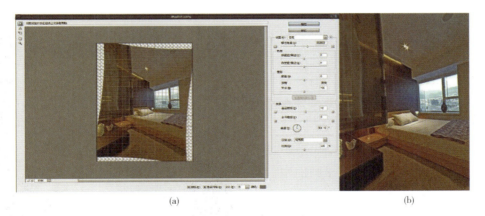

(a)　　　　　　　　　　　　　　　　　(b)

图 5-7　边缘透明和完成效果

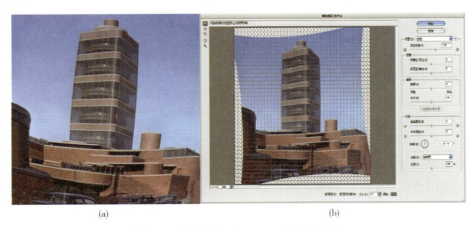

(a)　　　　　　　　　　　　　　　　　(b)

图 5-8　案例原图和"镜头校正"对话框

（2）对"移去扭曲"选项进行调整，就可以将扭曲纠正，在对变换选项的垂直透视做一些调整；出现边缘透明的情况，使用"剪裁工具"对图像进行剪裁，得出结果如图5-9所示。

图5-9 镜头校正后的效果

第三节 "消失点"室内效果图的细节修饰

"消失点"滤镜可以在透视的角度下编辑图像，允许在包含透视平面的图像中进行透视校正编辑。通过使用"消失点"滤镜来修饰、添加或移去图像中包含有透视的内容，效果将更加逼真。

有时室内设计效果图在制作完成之后，才发现有不需要的物体存在于画面中，或者画面因种种原因不完整，但背景又比较复杂，不能用图章之类的工具修改，这里就要运用到滤镜中的"消失点"命令，下面解释一下"消失点"具体操作。

一、消失点的修复功能

1. 方法一："消失点"滤镜中的图章工具

打开范例图片，在菜单栏中，选择"滤镜"→"消失点"命令，进入"消失点"滤镜对话框，如图5-10所示。

图5-10 原图

在打开的面板中选择"创建平面工具"，使用创建平面工具在地砖表面单击建立一个端点，移动鼠标，建立第二个端点，依此类推，建立出一个四边形的平面框，拖拽平面框四周的端点，以适合透视的方向和角度，如图5-11（a）所示。

将光标放在创建的平面里，可以对创建的平面进行等比例扩展，直到与地砖纹路对齐，如图5-11（b）所示。

(a)　　　　　　　　　　　　　(b)

图 5-11　选择平面的过程

在"消失点"面板中选择"图章工具" ，按下【Alt】键单击拖鞋附近的地砖进行取样，在进行第一次修补时一定要将纹理对齐，如图 5-12（a）所示。然后对图像部分进行修补，如图 5-12（b）所示。

(a)　　　　　　　　　　　　　(b)

图 5-12　修补取样的过程

图 5-13 所示为修补的最后结果。

图 5-13　对齐调整及最终效果

2. 方法二：消失点的修补取样工具

选择"选框工具" ，在创建的平面里绘制出一个矩形选区，此时的矩形选区会根据平面网格的透视也变成了透视的矩形选区，如图 5-14（a）所示。

同时按住【Ctrl】和【C】键单击选区，此时选区内的内容被复制，在工具选项栏中设定"修复"选项为"开" ；再同时按住【Ctrl】和【V】键单击移动选区，注意对齐要复制的内容，将选区移动到要覆盖的区域上，释放鼠标键，目标即被修复，如图 5-14（b）所示。修复完毕，最后单击"确定"按钮，确定透视的修复。

图 5-14　修补取样的过程

然后进行对齐调整如图 5-15（a）所示，　图 5-15（b）为修补的最后结果。

图 5-15　对齐调整及最终效果

二、消失点的贴图作用

"消失点"的作用除了修补效果图的缺陷外，还有一种类似于复制的贴图功能，如下面的范例是要在空白处复制一扇门。

（1）打开范例图片，如图 5-16 所示，在菜单栏中，选择"滤镜"→"消失点"命令，进入"消失点"滤镜对话框。

（2）在打开的面板中选择"创建平面工具"，使用"创建平面工具"在预览区创建一个有透视方向和角度的平面，如图 5-17（a）所示。

（3）选择"创建平面工具"，在需要贴图的地方再创建一个面，如图 5-17（b）所示。

（4）选择"选框工具" ⌷，在需要使用的贴图区绘制出一个矩形选区，此时的矩形选区会根据平面网格的透视也变成了透视的矩形选区，如图 5-18（a）所示。

（5）同时按住【Ctrl】和【C】键单击

图 5-16　原图

(a)　　　　　　　　　　　　　　　　(b)

图 5-17　分别确定创建源和被创建点的平面

选区，此时选区内的内容被复制；再同时按住【Ctrl】和【V】键单击选区移动选区，注意对齐要复制的内容，将选区移动至目标贴图区域，松开鼠标，同时按住【Ctrl】和【T】键（或 ▦ 变换工具）编辑贴图，适当调节大小和位置，如图 5-18（b）所示。

(a)　　　　　　　　　　　　　　　　(b)

图 5-18　编辑贴图的过程

（6）贴图完毕，对于多出的椅子局部，可通过前述消失点修复命令进行处理。最后单击"确定"按钮，确定透视的贴图，如图5-19所示。

图5-19　最终效果

第四节　"照片"室内效果图的直接绘制

Photoshop后期处理主要是指对图像进行色彩校正，添加一些特效和修复图像中细节瑕疵。但在一些特殊情况下，也可以添加一些场景中本不存在的物体和效果，甚至直接在计算机上绘制出一张室内效果图。这在上海、广州等地的效果图公司中比较常见，原理与将AutoCAD图转化为彩色平面效果图一样，主要就是在已有结构的基础上，通过调节视角、增加材质、丰富层次、添加家具陈设等及最后对灯光效果和材质效果的调整。这要求有较高的美术基础和对空间结构、材质、施工工艺的熟练掌握。当然对一些要求较高的效果图，还是要通过3ds Max、AutoCAD及Photoshop等综合运用才能完成。

一、建立场景

（1）用高清数码相机拍摄该方案的毛坯照片，拍摄时注意角度和景深要与绘制的保持一致，可多拍几张，以便后期调整，如图5-20所示。

（2）由于相机的广角不够，可将两张照片裁切和拼接，并将视角调整至舒适的角度。其中有一种技巧是将上一图层的照片调成半透明，与下面的照片进行对比。不要求太完美，因为后面要在上面贴材质，完成效果如图5-21所示。

二、拼贴材质

收集效果图所涉及的材质，如图5-22

(a)　　　　　　　　　　　　　　　　(b)

图 5-20　两个角度的现场照片

图 5-21　视角调整完成后的效果

所示。

　　对白色大理石进行描边处理，并拼接成地砖铺好的样式。按照场景透视铺在地面上。不要求一次调整到位。材质的透视关系需要在绘制过程中不断地调整，以适应加入家具、陈设品后场景的变化。用线

彩色玻璃马赛克　　　　艺术窗帘　　　　白色大理石　　　　艺术镜面玻璃

图 5-22　场景中所用的材质

条勾画出背景墙的造型和结构关系，用玻璃马赛克排列出电视机背景墙的透视效果，　如图 5-23 所示。

图 5-23　绘制背景墙的造型并排列出玻璃马赛克材质

三、添加效果

（1）电视背景墙通过剪切局部墙体后，降低明度和对比度，再调整透视关系和视角相符。加入筒灯的光晕效果，可使用喷枪加透明度的方法，也可以用光域网的图片结合图层的混合模式，如图 5-24 所示。

（2）选择适合的灯光类型，放置在同等的下方，调整混合模式为正片叠底。

（3）按上述方法贴入窗帘、镜面玻璃等材质，再调整角度和色彩。如遇局部过亮、上色困难时，可适当降低明度。

（4）画出墙面和吊顶造型，并用"图像"→"调整"→"亮度 / 对比度 / 色彩平衡"来调整墙面和吊顶的色彩和明度。

四、效果的添加及后期效果的处理

（1）增加筒灯，添加灯槽的灯光效果，用喷笔喷出灯光的渐变，注意虚实关系，可通过改变笔刷的压力和大小改变虚实的过渡，如图 5-25 所示。

（2）加入电视机、地柜、沙发、雕像及空调（模型可在网上下载角度相近的。如果找不到，可用数码相机拍摄，然后再到 Potoshop 中处理），并调整角度及灯光效果适应场景。

（3）将效果图中的部分场景用拼接的方式放入镜面玻璃中，一要大小符合，二要适应透视关系，三要位置合适，理解镜面镜像的原理，四要调整镜面的颜色，使其变深，以便衬托背景墙和窗帘，如图 5-26

图 5-24　光域网的图片

图 5-25　灯槽的灯光效果的制作

所示。

（4）然后调整镜像物体的透明度，图层混合模式采用正片叠底的方式，调整至自己满意的程度。调出环境光,用选区选择，然后羽化和喷笔，使关键位置亮起来，如

图 5-27 所示。

（5）最后添加门，调整色阶和色彩平衡，使整个画面明度和色彩统一，锐化局部需突出的地方,完成最终效果，如图 5-28 所示。

图 5-26　镜面反射效果的制作

图 5-27　图层混合模式和环境光的羽化和绘制

图 5-28　完成后的最终效果

第五节 "二维"室内效果图的综合制作

一、绘图前的准备

1. 材质贴图素材分类

➤ 铺地类：木地板、大理石地砖、花岗岩、防滑地砖等，如图 5-29 所示。

➤ 贴皮类：木贴皮、金属、玻璃等。

➤ 布艺类：地毯、床上用品、墙纸、窗帘等。

2. 模型贴图素材分类

➤ 家具、家电类：床、沙发、餐桌椅、电视机等。要求平面和立面两种。

➤ 洁具、厨具类：要求平面和立面两种。

➤ 植物、饰品类：要求平面和立面两种。如图 5-30 所示。

图 5-29 常用地面材质

图 5-30 常用植物平立面

二、矢量图转换为位图

1. 基本的转换思路

CAD 图纸转化为 JPG 等图片格式的方法，目前最专业、效果最佳的方法是虚拟打印法，可以控制线条的颜色、粗细，可调分辨率等。具体步骤：

（1）下拉菜单"文件"→"打印机管理器"，在弹出窗口里双击"添加打印机向导"；在"打印设备"里点下拉，选择"PbulishToWeb JPG.pc3"打印机。

（2）在"打印设置"里下拉选择其中一个尺寸或自定义一个尺寸；将右上面的点为"打印到文件"；并选择要保存的 JPG 文件路径，查看其他打印设置，内容、颜色、线宽等，最后点击确定完成。

2. 具体的操作方法

（1）做好转换的准备工作：做好彩色平面图的第一步就是选择一个比较完整和规范的 AutoCAD 平面布置图，这里的规范就是在绘图过程中，要规范图层，不同类型的物体匹配各自图层，这样平面图就不会凌乱，也减少文件大小，同时尽可能将图面整理好，线和线的交接要闭合，不出现空隙，如果不做这些准备工作会影响填充的面域。去掉尺寸、材质的显示以及其他彩色平面图不需标注的物体。

（2）输出前的准备工作：设定打印窗口的标记，框选打印范围，利用图层开关功能将需要的分开几层进行虚拟打印，输出图像到 Photoshop 中进行编辑。具体的打印项目由实际情况决定。

在这个例子中，我们要输出的内容如下：

➤ 墙体以及剪力墙、柱子、门窗。

➤ 家具和洁具。

➤ 室内绿化层以及其他。

（3）输出过程：准备画好的 AutoCAD 图，点选"打印"图标，弹出对话框。如图5-31所示。

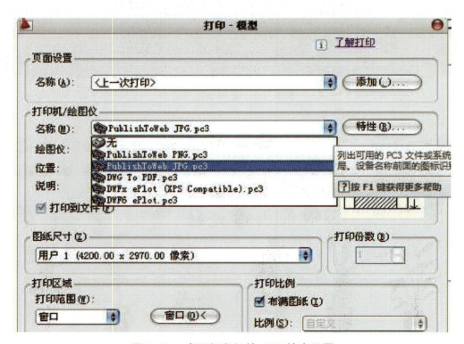

图 5-31　虚拟打印机的 JPG 输出设置

➢ 在打印设备里点下拉,选择"PbulishToWeb JPG.pc3"打印机。

➢ 在"特性"→"自定义图纸尺寸"→"添加",设置图纸尺寸为宽度"4200 像素",高度"2970 像素",回到打印界面,在"图纸尺寸"下拉菜单中选中刚刚设定的尺寸,"打印范围"选"窗口"。

➢ 回到图纸界面,选框目标打印范围,再回到"打印"窗口,点"确定",输入文件名和文件存储的地址,完成打印。

➢ 分别输出墙体图和家具图,在 Photoshop 中合成,得到效果如图 5-32 所示。

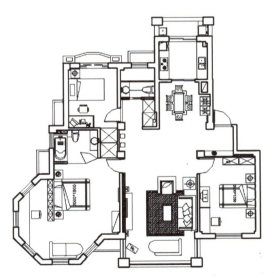

图 5-32 从 AutoCAD 中输出的位图效果

三、平面效果图的效果修饰

1. 进行地面材质的填充（为方便观看,以主卧室为例）

（1）隐藏家具层,只保留墙线。如图 5-33 所示。

（2）填充地面材质,具体上色步骤:先上铺装的颜色,选择目标表现区域进行填充。如果填充时没有纹理要求,使用油漆筒命令即可。若有纹理要求,纹理的尺寸比例要符合现实中的场景,有两种方法可以实现:

①图案定义法:在 PS 中打开材质的文件,例如是木纹,双击放大镜,以实际像素来显示图像,同时,目标表现平面图也要用实际尺寸显示。

查看木纹的图像大小,估算缩放尺寸,在这里要把木纹缩小到 100 像素 ×100 像素,然后在菜单选择"编辑"→"定义图案",再定义该图案为填充纹理,如图 5-34 所示。

②等比例放大缩小法:将木地板材质拖放到平面图中,将木地板材质比例用自由变换命令调整至合适大小。

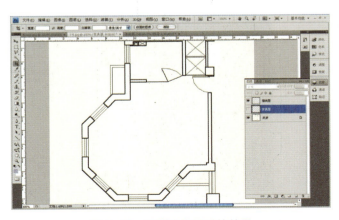

图 5-33 隐藏家具层后的效果

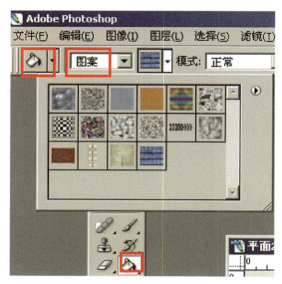

图 5-34 定义图案对话框

提示

对室内设计的尺度、建筑的模数了然于胸，比如室内门一般宽 900mm，单块木地板尺寸为 90mm×900mm 等，要求视觉上比例基本协调。

回到平面图层，用魔棒选取房间地面范围，再回到木地板图层，用右键的"通过拷贝图层"命令，截取适合房间范围的图形，操作如图 5-35 所示。

删除多余部分。给地砖添加上勾缝，运用"矩形选区"命令，在"样式"中选取"固定比例"，操作如图 5-36 所示。

针对选区进行描边，大小为一个像素，色彩用灰色，不能用黑色，否则效果生硬；再用和填充木地板同样的方法，给主卧卫生间贴上地砖；为了统一画面，给墙体填充灰色，玻璃填充浅蓝色。

2. 填充家具材质

具体上色步骤与地面上色相同。有些家具的平面图比较难找，可以用数码相机拍摄或从家具宣传册上扫描，或在 3ds Max 的顶视图中渲染。

3. 添加和调整最后效果

添加家具材质后，再赋予阴影和灯具的自发光效果和装饰品，完成效果如图 5-37 所示。

提示

要使阴影的效果逼真，首先要注

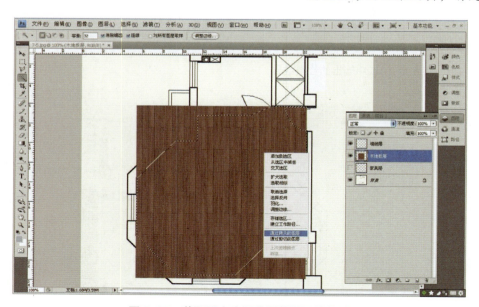

图 5-35 截取适合房间范围的图形的操作

意层次，家具的高度不一致，造成阴影的大小、深浅都不一样；其次所有

阴影的方向都应该大致统一。

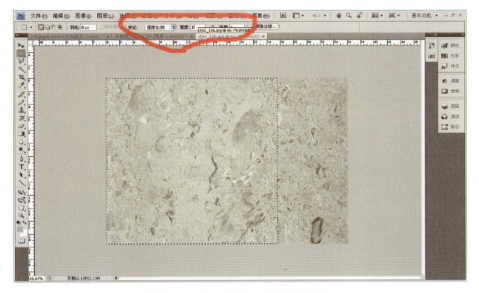

图 5-36　将地砖等比例分割的操作

图 5-37　主卧室彩色平面图的最终效果

思考与练习

➤综合运用 AutoCAD 和 Photoshop 软件制作某住宅室内电视机背景墙彩色立面图 1 张。

（1）要求尺度准确，线型、线宽正确，规范制图；整体色调统一，效果美观，材质明确，比例恰当。

（2）要点提示：材质制作要求较高：材质种类较多，而且粗糙度、反光度等性质反差较大，在制作过程中要尤为注意；对风格氛围的把握：在客厅立面的设计上主要采取现代简约的设计风格，设计理念一定要在效果图中得以体现；层次的区分：在立面图中层次的区分是特别重要的，立面图上的层次差别不像平面图上那么明显，所以不细致刻画的话，整个画面就会显得缺少层次。

室内效果图的形态塑造

课题名称：室内效果图的形态塑造

课题内容：3ds Max 的绘图环境

3ds Max 的常用绘图工具

3ds Max 的建模技能

课题时间：8 课时

教学目标：从本章开始将学习 3ds Max 的建模技术，首先是最基本的建模方法，
虽然这些建模方式比较低端，但却是制作一切高级建模的第一步。3ds
Max 的内置模型属于基础层面的造型技术，可以通过相应的建模命令制
作出来，并且还可以对这些模块进行编辑加工，以便生成更高级的模型。

教学重点：本章是 3ds Max 效果图绘制的基础内容，系统介绍 3ds Max 的绘图环境、
操作界面，其中工具栏和视图控制区的运用是本章的教学重点，此外还
涉及对象的属性、变换和复制等内容的正确认识和理解。

教学方式：多媒体课件演示结合上机操作。

第六章　室内效果图的形态塑造

第一节　3ds Max 的绘图环境

一、工作界面介绍

3ds Max 的工作界面如图 6-1 所示，可分为标题栏、菜单栏、工具栏、视图区、命令面板、时间尺、状态提示栏、动画时间控制按钮、视图导航控制按钮 9 个版块。

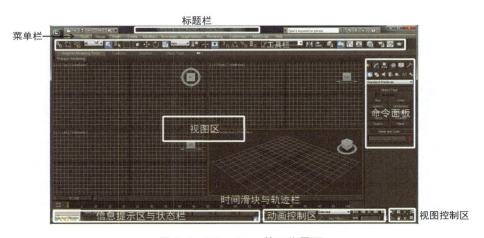

图 6-1　3ds　Max 的工作界面

二、菜单常用命令

3ds Max 和其他图形软件一样，界面的上部为命令菜单栏。包括文件、编辑、工具、组、视图、创建、修改器、动画、图形编辑器、渲染、自定义、MaxScript(脚本)、帮助等。点选后可以展开子命令，其中比较重要的有以下几种。

1. 合并文件

在 3ds Max 绘图过程中，并非所有的物体都要自己绘制，可以将其他场景或者网上下载的模型直接加入当前的场景中来，这个操作被称为合并文件。

首先，打开其中一个文件，将所有

物体成组后保存。再打开另一个文件，使用文件菜单下的"合并"命令导入上一个文件。

如果两个文件中有重名物体（将第一个文件中的所有物体成组就是为了防止重名物体太多，这样就只会警告名称重复），就会弹出一个"Duplicate Name（重复的名称）"窗口，勾选"Apply to all duplicates（运用到所有的复制中）"，然后点"自动重命名"，这样就会将合并进来的重名物体全部自动改名。

如果导入材质有重名，也会弹出一个"Duplicate Material Name（重复的材料名称）"窗口。最便利的方法就是勾选上"Apply to all duplicates（运用到所有的复制品中）"，然后选择"材质自动重命名"，等全合并进来以后再重新调节材质分配。

技巧

合并模型怎样节省文件大小：在3ds Max 里打开模型，点选需要的模型并隐藏，再【Ctrl】+【A】全选，把灯光等其余不需要的删除，再取消隐藏，文件就变小了。

2. 导入和导出文件

在 3ds Max 中打开非 Max 文件需要用到"导入"命令。这是非常重要的功能，可以使用外部的模型、材质、灯光组件。而"导出"可以把 3ds Max 输入其他软件进行修改。导入和导出命令是沟通设计软件的桥梁。例如 AutoCAD 中的 dwg 文件和 Sketchup 中的 skp 文件都可以导入 3ds Max 进行编辑。

三、工具栏常用命令

在 3ds Max 中的很多命令均可由工具栏上的按钮来实现，它可以按住鼠标移动，获得浮动形式。自定义工具栏也可以恢复。

提示

1. 工具栏按钮右下角有黑三角符号，表示该按钮包括多个工具。

2. 箭头光标放在工具栏边缘处，光标变为手的形状时，可以移动工具栏。

四、命令面板介绍

工作界面右侧的命令面板是 3ds Max 最重要的部分之一。这个面板集中了大部分的工具和命令，包括创建、修改、层次、运动、显示、工具六个子面板。

1. 创建面板

创建面板中提供了 7 种创建对象，它们是几何体、二维图形、灯光、摄像机、辅助对象、空间扭曲、系统如图 6-2（a）所示。单击其中一个按钮后，可进入相关界面进行设置。下拉菜单中还有其他选项，如图 6-2（b）所示。

2. 修改面板

创建物体后即可单击 ⬛ 按钮进入修改面板，对物体进行各种编辑和修改。这些命令也可以对物体的子一级对象如点、线、面进行修改。一个对象可以同时使用多个修改器，都存储在修改器堆栈栏中，可以随时返回修改参数，也可删除堆栈中的修改器，进而将简单对象修改为复杂对象。

对创建物体的编辑，主要通过修改面板来完成，面板包括了物体名称、颜色、下拉列表、修改器堆栈栏、参数卷展栏几个部分。

要点

如果 3ds Max 安装了 V-ray 插件，那么面板还会显示有 V-ray 选项。

(a)　　　　(b)

图 6-2　创建面板

五、视图常用操作

位于右下角的视图控制区可以对窗口进行各种缩放和方位的旋转。各图标代表的功能：缩放、全视图缩放、最大化显示、全视图最大化、视角、平移视图、弧线旋转、全屏视图切换，如图 6-3 所示。

图 6-3　图标代表的功能

第二节　3ds Max 的常用绘图工具

一、绘图单位的设置

单位设置是室内效果图制作中的重要环节，由于经常通过 AutoCAD 软件导入模块，所以要将两者的单位统一设置为毫米（mm），具体设置过程是在"菜单栏"中的"自定义"的"单位设置"中。

二、捕捉功能的设定

捕捉切换可以更好地在三维空间锁定需要的位置，以便进行选择、创建及编辑修改等操作。在 3ds Max 中有六个选项支持绘图时对象的捕捉，在主工具栏中单击 按钮不放即可看到三种捕捉类型。

在"捕捉"按钮上右击，可以打开"栅格和捕捉设置"，进行选项选择，注意不要多选，以免造成相互干扰。常用垂足、顶点、端点和中点等。

三、模型的选择与调整

模型的选择与调整功能主要指选择对象、移动对象、旋转对象、缩放对象、复制对象、镜像对象、对齐对象和阵列对象。

1. 选择对象

即是对象处于被选中状态。选择是为了对物体进行编辑操作，当创建的对象很多，需要对某个物体进行选择操作时，要想更有效率的来选择对象，那使用恰当的选择方式就显得尤为重要。

（1）单击选取：鼠标单击直接选择对象，按住【Ctrl】键可同时选择多个对象。

（2）鼠标框选：按住鼠标左键不放，在屏幕上拖出一个虚线框来选择对象。虚线框的形态可以设置为矩形、圆形、不规则形（可分为直线线段和曲线形）。长按▣按钮，在弹出的下拉列表中有五种选择类型可供选择。

（3）对话框选取：单击▤按钮，对话框列表中显示了对象的名称，单击列表中的某个对象或是多个对象，单击确定键即可将对象选中。

（4）选取类似：已经选取了一个对象，单击右键，在弹出的快捷菜单中选择类似对象，选取与原物体类型相似的对象。

（5）快捷键选取：全选【Ctrl】+【A】；取消选择【Ctrl】+【D】；选取相反【Ctrl】+【I】。

2. 移动对象

（1）直观移动：使移动按钮✥处于被选中状态（即变成蓝色），选中的对象如图 6-4 所示，显示 x、y、z，成黄色显示的轴为对象移动的方向约束，对象当前的移动方向受该轴的影响，如图 6-4（a）所示为现在受 z 轴影响。如果是一个矩形成黄色显示，表示当前对象在 xy 平面中移动，如图 6-4（b）所示。

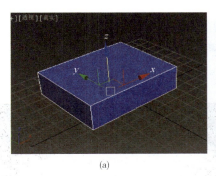

(a) 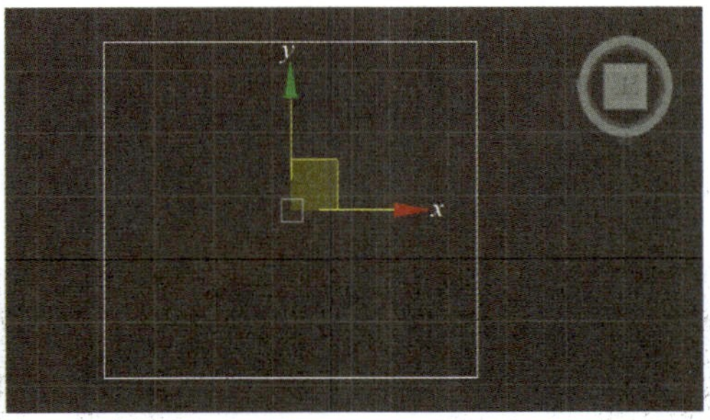　　　　　　　　　　　　　　(b)

图 6-4　对象轴操作

（2）参数移动：移动的距离通过状态栏上的显示数字来控制，可精确移动对象，具体步骤：使对象保持被选中状态，然后用鼠标右键单击移动按钮，弹出移动对象位置坐标窗口，如图 6-5 所示，左边的是绝对坐标模式，显示对象当前的坐标位置；右边是相对坐标模式。如果知道对象的最终位置坐标，即直接在左边输入对象的对应坐标值，如果只知道对象的下一目标位置与当前位置的差值，在右边输入具体差值即可。

X: -6.921mm　Y: 7.854mm　Z: 6.652mm

图 6-5　参数移动

3. 旋转对象

（1）直观旋转：使旋转按钮 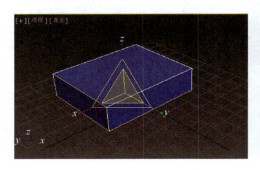 处于被选中状态（即变成蓝色），单击对象出现四个约束平面（以圆形框显示）xy、xz、yz、视图平面，以黄色显示的约束平面为对象当前旋转的方向约束，对象当前的旋转方向只能是于该平面内。

（2）参数旋转：旋转的角度可以通过状态栏上的显示数字来进行控制（与移动命令相同），具体的步骤是：使对象保持被选中状态，然后用鼠标右键单击旋转按钮，弹出"旋转对象位置"窗口，左边的是绝对角度模式，显示对象当前的角度位置；右边是相对角度模式。如果知道对象的最终角度位置，可直接在左边输入对象的对应角度值，如果只知道对象的下一目标位置与当前位置的角度差值，在右边输入具体差值即可。

4. 缩放对象

（1）随意缩放：使缩放对象处于被选中状态 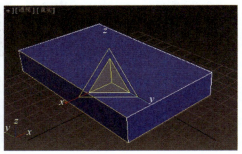（即变成蓝色），单击对象出现7

个约束条件，分别是 x、y、z、xy、xz、yz、xyz，分别表示沿 x、y、z 轴方向缩放，在 xy、xz、yz 平面内缩放，沿 x、y、z 三个方向缩放。以黄色显示的约束条件为对象当前缩放的条件约束，对象当前的缩放受控于该约束条件。

（2）参数缩放：缩放的数值可以通过状态栏上的显示数值来进行控制（与移动命令相同），如图6-6所示，x、y、z 表示三个方向的缩放轴，x、y、z 后面的数值分别表示 x、y、z 轴向的缩放值，当前 y、z 轴成灰色显示，表示 x、y、z 三个方向等倍缩放，此时只需调节 x 轴向的数值。 是绝对坐标与相对坐标的切换按钮，被选中状态（呈蓝色显示，默认是关闭），是相对坐标模式，x 轴向的数值总是以缩放前的尺寸为基准，执行完当前缩放命令后自动变成"100"，而在绝对坐标模式下，x 轴的数值以原始对象的尺寸为基准，表示当前对象尺寸与原始尺寸的比例关系，如图6-6所示。

图 6-6　缩放比例

5. 复制（克隆）对象

复制对象有两种方法：一种是通过编辑菜单中的"克隆"命令来完成；另一种是通过键盘和鼠标配合来完成。

（1）克隆复制：选中对象，选择"编辑"菜单栏下面的"克隆"选项对话框，单击"确定"即可完成对象的复制操作，在原坐标位置复制出了一个新的对象。

对象选组中提供了复制对象的三种模式：

➤ 复制（拷贝复制）：复制的拷贝对象与源对象是独立的，两个对象互不影响，是独立的两个对象。

➤ 实例（关联复制）：复制的关联对象与源对象是相互影响的，当改变了源对象时，关联对象也会改变，反之同理。

➤ 参考（参考复制）：当改变源对象时，复制的参考对象也会发生改变，但是对参考对象所做的修改不会影响源对象。复制后的源对象与复制后的对象是父子关系，即上级可以影响下级，反之则不可。

（2）移动复制：按住鼠标左键不放同时按住【Shift】键拖动对象，弹出"选项"对话框，在副本数中设置克隆对象的数目，可以进行批量复制。

6. 镜像对象

单击 按钮弹出镜像对话框。镜像轴设置镜像的参照轴或参照面，并控制新对象与源对象的偏移量。克隆当前选项中的选项功能与复制的选项功能一致。镜像 IK 复制表示不保留对象。

7. 对齐对象

对象对齐可以分为六种方式，如图 6-7 所示：

一般对齐   快速对齐   法线对齐

高光对齐   摄像机对齐   视图对齐

图 6-7 对象对齐方式

操作程序：先选择其中一个对象，单击"一般对齐"按钮，再单击另一个对象，弹出"对齐当前选择"对话框。

8. 阵列对齐

使对象处于选中状态，选择工具菜单下的"阵列"命令，弹出"阵列"对话框，如图 6-8 所示。

"阵列"的参数控制方式分为增量和总计两种，通过单击中间的 、 按钮进行切换，移动、旋转。缩放分别控制对象的各种属性。阵列维度选项区域：

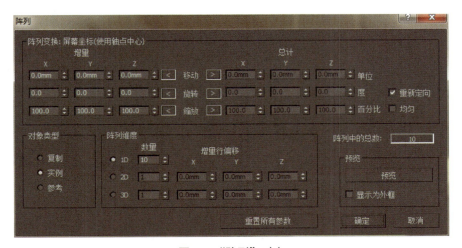

图 6-8 "阵列"对齐

➢1D: 一维阵列，输入对象的数量。

➢2D: 二维阵列，输入对象的数量，并控制 x、y、z 轴的偏移量。

↘3d：三维阵列，输入对象的数量，并控制 x、y、z 轴的偏移量。

第三节　3ds Max 的建模技能

一、建模的基础知识

1. 三维空间能力的培养

熟练掌握视图、坐标与物体的位置关系。要做到放眼过去就可以判断物体的空间位置关系，可以随心所欲地控制物体。如果设计基础和空间能力有所欠缺，要坚持科学学习和锻炼方法才能掌握。

2. 环境及参数的掌握

首先对室内环境的层高、体量、材质等有个大致的了解，必要时可徒手绘制一张草图。然后规划好建模的步骤以及图层，一般可用不同的图层来对应不同的材质。在 AutoCAD 中先设定一个 snap 值，然后将参考平面整理一下，并把图层换一个比较灰的颜色，以免跟其他层混淆。建模要适当考虑空间结构，一般要把地面、吊顶、墙面都建出来，然后用一个相机进行观察。

3. 良好建模习惯的养成

养成良好的建模习惯，特别是在后期使用 V-ray 等渲染器的建模中，更要注意。

（1）尺寸真实：场景及场景中物体的尺寸要和真实情况一致。场景及其中物体的比例失调很难得到一张漂亮的效果图。

（2）出图质量与速度之间要做好权衡：建议尽可能降低场景的规模，包括面数、贴图量及贴图大小。庞大的场景将对操作和最终渲染带来很大的负担。尽量对齐该对齐的面和顶点，删除多余面和顶点。近景和远处的场景要分别对待，近景该有的细节不能少，远景看不到或看不清的细节最好省略。

（3）注意控制场景的封闭性：光传递是需要反射面的，光的多次传递将带来柔和真实的光效，所以在创建场景中有些看不到的面（如墙体）是不能省略的。

（4）合理的命名和分组：这样做会在建模及修改过程中大大提高效率。

提示

要优先了解自定义 3ds Max 界面和首选项功能，针对一些设置加以自定义修改，比如自定义快捷键和优化快捷键集群，能极大提高建模的工作效率。

二、使用内置模型

1. 标准模型

标准模型即标准基本体，是 3ds Max 最基本的建模工具，包含长方体、球体、圆柱体等命令。使用频率非常高，基本上随时都在被使用。

在"创建"面板下单击"几何体"按钮，然后在下拉列表中可以选择相应的几何体类型，常用的有标准基本体、扩展基本体、复合对象等，每个分面板都有下一级细分的类型设置，如标准基本体包含 10 种对象类型，分别是长方体、圆锥体、球体、几何体、圆柱体、管状体、圆环、四棱锥、茶壶和平面等，每一个都有对应的参数设置。

提示

创建长方体后，如果由于执行了其他操作或不小心在视图区单击了鼠标右键等原因，使参数面板消失了，可以单击命令面板的第二个按钮 Modify，只要该物体仍处于被选中状态，就可以在修改命令面板中的参数栏中修改。

长方体：长方体是标准基本体中使用频率最高的建模命令，它的控制也比较简单，只有"长度""高度""宽度"以及相应分段数，如图 6-9 所示。

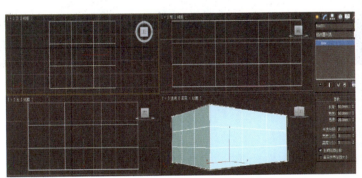

图 6-9 长方体创建面板

其中要注意的参数：

➢ 长度分段 / 宽度分段 / 高度分段：这三个参数用来设置沿着对象每个轴的分段量。刚建立的长方体，长、宽、高的分段数初始值均为"1"，这样的长方体是不能进行变形处理的，必须增加其初始值。切换到网格显示模式，将各维分段数目均改为"3"，则可以看到长方体的细分网格逐渐增多。

➢ 生成贴图坐标：自动产生贴图坐标。

➢ 真实世界贴图大小：不勾选此项时，贴图大小复合创建对象的尺寸；勾选此项后，贴图大小由绝对尺寸决定。

提示

创建几何体时，材质不需要贴图坐标。应保持 Generate Mapping Coords "建立贴图坐标"选项左边的复选框为空白框。当以后需要时再勾选该项左边复选框。选定该项后，在当前物体上生成贴图坐标，使该物体可以进行贴图处理。

2. 圆锥体

在现实生活中经常可以看到圆锥体的实物，比如冰激凌、酒瓶、交通安全隔离柱等。使用该工具可以创建圆锥、圆台、棱锥和棱台。其中要注意的参数：

➤ 启用切片：控制是否开启"切片"功能。

➤ 切片起始 / 结束位置：设置从局部

x 轴的零点开始围绕局部 z 轴的度数。切片起始、结束位置从字面上理解比较抽象，如图 6-10 所示，分别是切片起始为零，切片结束为 90°、180°、240° 的圆锥体。

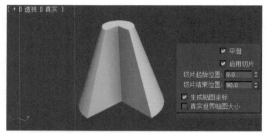

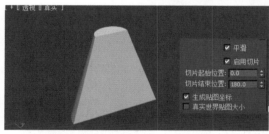

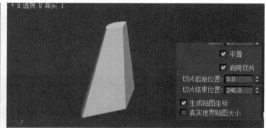

图 6-10　切片效果

3. 球体

球体也是现实生活中最为常见的物体。在 3ds Max 中，用户可以创建完整的球体，也可以创建半球或球体局部，其中要注意的参数：

➤ 半球：该值过大将从底部分割球体，以创建部分球体，取值范围可以从 0 ~ 1，值为 0 可以生成完整的球体；值为 0.5 可以生成半球；值为 1 会使球消失。

➤ 切除：半球断开时将球体中的顶点和面"切除"来减少它们的数量。

➤ 挤压：保持原始球体中的定点数和面数，将几何体向着球体的顶部挤压为体积越来越小的物体。

➤ 启用切片：控制是否开启"切片"功能。

➤ 切片起始位置 / 切片结束位置：设

置切片的起始角度和停止角度。对于这两个参数，正数值将按逆时针移动切片的末端，负数值将按顺时针移动它。这两个设置的先后顺序无关紧要，端点重合时，将重新显示整个球体。

4. 几何球体

几何球体的形状与球体的形状很接近，学习了球体的参数之后，几何球体的参数便不难理解。其中"半径"和"分段"参数都是相同的，而不同之处在于几何球体可以切换"基点面类型"，分别是四面体、八面体和十二面体。

基点面类型：可以设置几何球体表面的基本组成单位类型，可供选择的有四面体、六面体、八面体，如图 6-11 所示分别是这 3 种基点面的效果。

图 6-11　球体 3 种基点面

5. 圆柱体

圆柱体在生活中很常见，如玻璃酒杯、油漆桶、柱子等，制作由圆柱体构成的物体时，可以先将圆柱体转化成可编辑多边形，然后对细节进行调整。

实践操作：制作圆桌

打开 3ds Max 界面，在"创建"面板中单击"圆柱体"按钮，然后在场景中拖拽光标创建一个圆柱体，接着"参数"卷展栏下设置"半径"为"55mm"，"高度"为"2.5mm"，"边数"为"30mm"。

选择桌面模型，然后按住【Shift】键使用"选择并移动"工具，在前视图中向下移动复制一个圆柱体，接着弹出的"克隆选项"对话框中设置"对象"为"复制"，如图 6-12 所示。

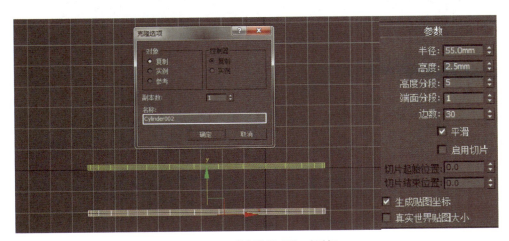

图 6-12　"克隆选项"对话框

选择复制出来的圆柱体，然后在"参数"卷展栏下设置"半径"为"3mm"，"高度"为"60mm"。

切换到前视图，选择复制出来的圆柱体，在"主工具栏"中单击"对齐"按钮，然后单击最先创建的圆柱体，接着在弹出的对话框中设置"对齐位置（屏幕）"为"y轴"，"当前对象"为"最大"，"目标对象"为"最小"，具体参数设置及对齐效果如图 6-13 所示。

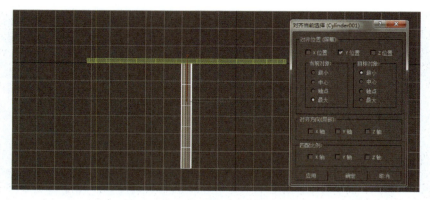

图 6-13　"对齐"命令

选择桌面模型，然后按住【Shift】键使用"选择与移动"工具在前视图中向下移动复制一个圆柱体，接着在弹出的"克隆选项"对话框中设置"对象"为"复制"，"副本数"为"2"。选择中间的圆柱

体，然后半径修改为"15mm"，接着将最下面的圆柱体半径修改为"25mm"。采用上面步骤"对齐"同样的方法，在前视图中将圆柱体进行对齐，完成后效果如图 6-14 所示。

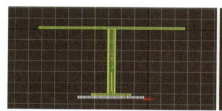

图 6-14　完成效果

上述方法虽然简单，但却是 3ds Max 快速建模的基础。建模不要追求复杂和一步到位的命令，而力求简单直观，最重要的是数值精确。该案例就是基于精确移动和复制的建模理念。

三、创建扩展模型

扩展三维几何体是基于标准基本体外的一种扩展物体，共有 13 种。有了这些扩展基本体，就可以快速地创建出一些模型。建立方法和标准三维几何体是一样的，选择所要创建的扩展三维几何体的模型，然后通过鼠标拖动或键盘输入的方式建立模

型。此处就不再赘述。

四、三维复合建模

复合对象是指将两个或更多的对象组合成新对象，实际物体往往可以看成由很多简单物体组合而成。对于合并的过程可以反复调节，从而制作一些高难度的造型。从建模的角度来讲，标准基本体、扩展基本体等建模方式只能创造一些造型固定的简单模型，远远不能满足实际工作的需求，而复合对象建模方式能够胜任一些相对复杂的模型制作，为实际工作提供相对的便利。

复合对象的建模命令包括变形、散布、

一致、连接、水滴网格、图形合并、布尔、地形、放样、网格化等。但是对于室内设计建模来说，最常用的就是布尔和放样。放样将在二维建模中讲解。

1. 布尔

布尔是通过对两个以上的物体进行并集、差集、交集运算，从而得到新的物体形态。系统提供了 5 种布尔运算方式，分别是并集、交集和差集 A–B、差集 B–A 和切割。

在布尔运算中，两个原始对象 A、B 称为操作对象。在创建运算之前，首先要在视图中选择一个原始对象，这时"布尔"按钮才可以使用。对象经布尔运算后可以随时对两个对象进行修改操作，布尔的方式、效果也可以编辑修改。

提示

布尔运算要遵守规范的操作原则以减少错误；确保对象完全闭合，没有重叠或未焊接的面；并保证法线方向统一，通过"法线"修改器可以修改；一次只能进行一个布尔运算，在进行下次运算前，需按鼠标右键退出操作，然后再重新操作。

布尔运算的建模操作方式——加减法：

（1）"加法"并集：将两个造型合并，相交的部分合并，成为一个新对象。

（2）"减法"交集：将两个造型相交的部分保留，不相交的部分删除。

➤ 差集 A–B：将两个造型进行相减处理，得到一种切割后的造型。这种方式对两个对象相减的顺序有要求，会得到不同的结果，如图 6–15（a）所示为两个相交的物体，差集 A–B 如图 6–15（b）所示。

➤ 差集 B–A：将两个造型进行相减处理，得到一种切割后的造型。这种方式和"差集 A–B"类似，仅仅是两个对象相减顺序不同，如图 6–15（c）所示。

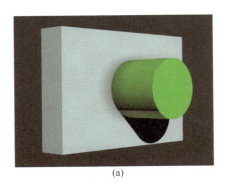
(a)

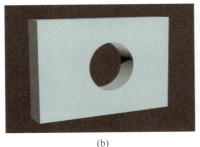
(b)

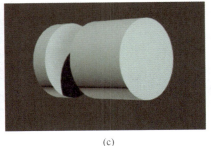
(c)

图 6–15　布尔运算差集的不同效果

2. 实践操作：制作烟灰缸

（1）在"创建"面板的"扩展基本体"中单击"切角长方体"按钮，然后在顶视图中拖拽创建一个切角长方体。

（2）进入"修改"面板，在"参数"卷展栏下设置切角长方体的"长度"为"20mm"，"宽度"为"20mm"，"高度"为"5mm"，"圆角"为"0.7mm"，效果如图6-16所示。

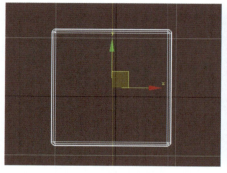

图6-16　模型效果

（3）在"创建"面板的"扩展基本体"中单击"油管"按钮，然后在前视图中拖拽鼠标创建一个油管模型。

（4）进入"修改"面板，接着在"参数"卷展栏下设置油管模型的"半径"为"1.5mm"，"高度"为"7mm"，"封口高度"为"0.8mm"，"边数"为"24"。

（5）选择"油管模型"，然后单击"选择并旋转"按钮，同时按下【Shift】键将模型复制3份，并将其分别拖拽到合适的位置，此时的模型如图6-17（a）所示（重点：关闭"开始新图形"选项后，所绘制出来的图形就是一个整体）。

选择所有的"油桶模型"，然后单击"实用程序"按钮，接着单击"塌陷"按钮，最后在下面单击"塌陷选定对象"按钮。

（6）在"创建"面板的"复合对象"中单击"布尔"按钮。选择"切角长方体"，然后单击"拾取布尔"按钮，接着单击选择"油罐"模型，此时的烟灰缸模型效果如图6-17（b）所示。

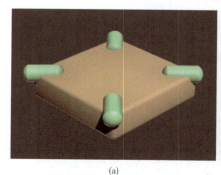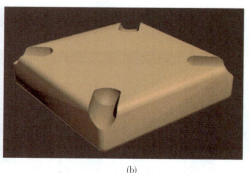

(a)　　　　　　　　　(b)

图6-17　布尔运算后的效果

提示

拾取的 4 个对象"油罐"一定要是一个整体，如果不是，布尔下一个油罐时一定要重新布尔（也就是要选择"切角长方体"，重新单击布尔，然后拾取对象，布尔每个油罐都要这样操作）。

在顶视图中创建一个圆柱体，模型效果及位置如图 6-18（a）所示，然后使用"布尔"命令进行操作，结果如图 6-18（b）所示。

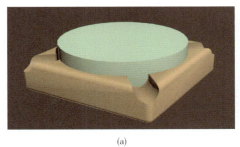 

(a)　　　　　　　　　　　　　　　　　(b)

图 6-18　位置调整

在场景中创建一个圆柱体来表示一支烟，可分为两段赋予不同的颜色。本案例最终效果如图 6-19 所示。

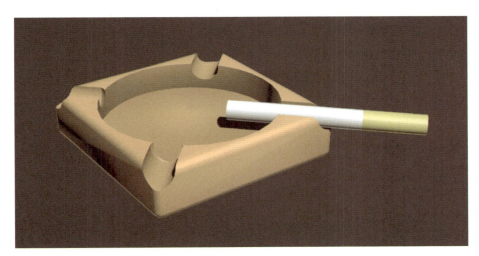

图 6-19　最终效果

五、修改器建模

3ds Max 强大的建模功能主要表现在修改器，修改器的实质就是一个个不同的应用程序，通过这些应用程序可以在空间范围内改变对象的外形，从而实现快速建模。

3ds Max 在菜单栏的"修改器"菜单中，或在"修改"命令面板中的"修改器列表"下拉列表框中内置了上百种修改器。

修改器分为二维修改器和三维修改器，二维修改器只对二维图形有效，三维修改器只对几何体有效，修改器的灵活使用则可以大大地提高建模的效率。

1. 常用修改器的调用

要使用修改器，首先要在面板上单击"修改器"按钮，然后设置修改器的参数。选择设置修改器的操作步骤如下：

➤ 选择将要应用修改器的二维或三维对象。

➤ 在"修改器"菜单下或在"修改器列表"下拉列表框中选择需要的修改器，选择的修改器将显示在修改堆栈列表框中。

➤ 在"参数"卷展栏中调整修改器的参数。

➤ 如果修改器具有子对象，可在修改堆栈中展开修改器，然后选择子对象，最后再对子对象进行修改。

如果选中的是三维图形，那么会有部分针对二维图形的修改器不可用。主要使用的是"对象空间修改器"，其中包含了上百种修改器命令，但只有部分是室内效果图绘制需要掌握的。

2. 挤出修改器

挤出修改器是使用频率较高的修改器，属于二维修改器，工作原理就是将样条线以切面的形式沿一个方向堆积出一定厚度，使二维图形转换成三维物体。

➤ 数量：控制挤出物体的厚度，数值越大厚度越高。

➤ 分段：控制挤出物体在厚度方向上的分段数量。

➤ 封口：控制挤出物体的上下表面是否封口。

➤ 输出：控制挤出物体的类型，分别是面片物体、网格物体、NURBS 物体。

➤ 生成贴图坐标：自动产生贴图坐标。

➤ 真实世界贴图大小：不勾选此项时，贴图大小复合创建对象的尺寸；勾选此项后，贴图大小由绝对尺寸决定。

3. 车削修改器

车削修改器也属于二维修改器，其工作原理就是将样条线沿某个轴向（x 轴、y 轴或 z 轴）旋转一定的度数，将二维图形转换为三维物体这是非常实用的造型工具，大多中心放射物体都可以用这种方法完成。同上面的修改器一样，它也可以将完成后的造型输出成面片物体或 NURBS 物体。

➤ 度数：选项用来控制线条沿转轴旋转的度数，系统默认为 360°。

➤ 焊接内核：选中该复选框后，系统便会自动将模型的中心点进行焊接。

➤ 翻转法线：选中该复选框后，模型的法线反方向会发生翻转。线条经过车削修改后，自动生成的法线方向与线条样式有关，不一定是所希望的，因此增设这个选项。

➤ 分段：用于设置线条在旋转路径上的分段数。值越大，模型表面越光滑。

➤ 封口：用来控制旋转物体的上下表面是否封口。

➤ 方向：有 x、y 和 z 选项，用来控制曲线旋转的对称轴方向。

➤ 对齐：此区域用来控制曲线旋转式的对齐方式。

一般车削时是默认按 y 轴旋转对象，如果有特殊要求可通过设置"方向"中的轴线来实现，如图 6-20 所示。

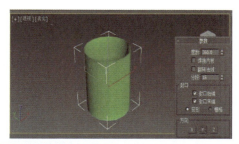

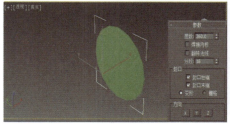 

图 6-20　车削效果

4. 倒角修改器

倒角修改器也属于二维修改器，所以修改器只能对"图形"使用，即只有选择了平面图形，此工具才可用。可将平面图形挤出成型，并且在挤出同时，在边界上加入直角形或圆形倒角。

➤ 起始轮廓：设置原始图形的外轮廓大小。如果为"0"，将以原始图形为基准进行倒角制作。

➤ 高度：用来控制挤出的高度。

➤ 轮廓：控制对挤出部分的倒角大小。

➤ 倒角修改器有三个层级，在展卷栏中从上而下依次在视图中显示倒角结果。而且每一个层级都可以分别设置不同的挤出高度和倒角大小，这样就可以实现一些比较复杂的效果，如图 6-21 所示。

图 6-21　完成效果

5. 倒角剖面修改器

同样是二维修改器，倒角剖面修改器使用另一个图形路径作为"倒角截剖面"来挤出一个图形。它是倒角修改器的一种变量。

➤ 拾取剖面：选中一个图形或 NURBS 曲线来用于剖面路径。生成贴图坐标指定 UV 坐标。

➢ 封口：始端（对挤出图形的底部进行封口），末端（对挤出图形的顶部进行封口）。

➢ 封口类型：变形（选中一个确定性的封口方法，它为对象间的变形提供相等数量的顶点）。

➢ 栅格：创建更适合封口变形的栅格封口。

➢ 相交：避免线相交（防止倒角曲面自相交，分离—设定侧面为防止相交而分开的距离）。

如果删除原始倒角剖面，则倒角剖面失效。与提供图形的放样对象不同，倒角剖面只是一个简单的修改器。尽管此修改器与包含改变缩放设置的放样对象相似，但实际上两者有区别，因为其使用不同的轮廓值而不是缩放值来作为线段之间的距离。此调整图形大小的方法更复杂，从而会导致一些层级比其他的层级包含或多或少的顶点，例如更适合于处理文本。

6. 弯曲修改器

用来对物体进行弯曲处理，用户可以调节弯曲的角度和方向，以及弯曲所依据的坐标轴向，还可以将弯曲修改限制在一定的区域之内。在修改器下拉列表框中选择"弯曲修改器"，在展卷栏中便会出现。

➢ 弯曲：此区域用来控制设置对物体的"弯度"大小以及"方向"。角度用于设置模型弯曲的角度，值越大则弯曲的角度越大。方向用于设置模型弯曲的方向，单位为度。

➢ 弯曲轴：用来控制物体弯曲的坐标轴向。

➢ 限制：勾选它的"限制效果"复选框，设置其参数便可以控制变形效果的影响范围。设置弯曲的"上限"，在此限度以上的区域将不会受到弯曲影响。设置弯曲的"下限"，在此限度与上限之间的区域将都受到弯曲影响。当选中对象为二维图像时，z轴是不会产生弯曲变化的。

7. 锥化修改器

通过缩放物体的两端而产生锥形轮廓来修改造型，同时还可以加入光滑的曲线轮廓。允许用户控制锥化的倾斜度、曲线轮廓的曲度，还可以限制局部的锥化效果。

➢ 锥化：此区域有两项参数。"数量"用来控制对物体锥化的倾斜程度，"曲线"用来控制曲线轮廓的曲度。

➢ 锥化轴：用来控制物体锥化影响的坐标轴向。

➢ 限制：勾选它的"限制效果"复选框，设置其参数便可以控制变形效果的影响范围。设置锥化的"上限"，在此限度以上的区域将不会受到锥化影响。设置锥化的"下限"，在此限度与上限之间的区域将都受到锥化影响。

8. 倾斜修改器

可用于对物体或物体的次物体集合进行倾斜操作，使其在指定的轴向上产生倾斜变形。

➢ 倾斜："数量"用来控制对物体倾斜的程度。"方向"用来控制对物体倾斜的方向。

➢ 倾斜轴：用来控制物体倾斜的坐标轴向。

➢ 限制：它的具体用法这里也不再重复。

9. 镜像修改器

该修改器能够对模型进行镜像翻转或复制等修改。与工具栏中的"镜像"工具类似，但操作起来更为便捷。镜像修改器参数展卷栏如下：

➤ x、y、z、xy、yz、zx：用于选择对模型进行镜像修改时的镜像轴。

➤ 偏移：用于设置镜像后所得到的模型与原来模型的距离。

➤ 复制：用于选择是翻转模型还是克隆模型。

10. UVW 贴图修改器

能够为场景中的一个或多个模型制定统一的贴图坐标，还可以对贴图坐标进行旋转、缩放等操作。UVW 贴图修改器参数展卷栏如下：

➤ 平面、柱形、球形、收缩包裹、长方体、面、xyz 到 uvw：用于选择贴图坐标的样式。贴图坐标仿佛是一个虚拟的容器，所有的贴图首先都会贴在这个虚拟容器上，然后通过 u、v、w 这 3 个坐标映射到模型表面。

➤ 长度、宽度、高度：用于设置虚拟容器的三维尺寸。

➤ U 向、v 向、w 向平铺：用于设置贴图在虚拟容器表面的重复次数。

六、二维图形建模

3ds Max 的二维图形建模主要是样条线建模技法，包括"样条线"和"扩展样条线"的创建，以及"可编辑样条线"的处理方法，还有如何将二维样条线转化为 3D 模型。二维图形建模是 3ds Max 非常重要的建模方法之一，也是比较基础的方法，很多复杂的模型都可以通过转化二维图形来获得。

这是非常重要的内容，很多三维物体的生成和效果都是取决于二维图案。主要是用编辑二维线来实现。熟练掌握编辑二维的点、线段、曲线的常用子命令，才可以自如地编辑各类图案。

1. 二维图形的基础

二维图形是由一条或者多条样条线（Spline）组成的对象。样条线是由一系列点定义的曲线。样条线上的点通常被称为节点（Vertex）。每个节点包含定义它的位置坐标的信息，以及曲线通过节点方式的信息。样条线中连接两个相邻节点的部分称为线段（Segment），如图 6-22 所示。

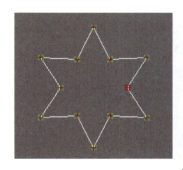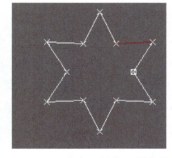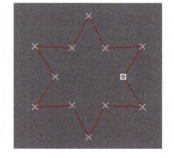

图 6-22　　节点、线段、样条线

（1）样条线：二维图形是由一个或多个样条线组成，而样条线又是由点和线段组成。所以只要调整点的参数及样条线的参数，就可以生成复杂的二维模型，利用这些二维模型又可以生成三维模型。

在"创建"面板中单击"图形"按钮，然后设置图形类型为"样条线"，这里有 12 种样条线，分别是线、矩形、圆、椭圆、弧、圆环、多边形、星形、文本、螺旋线、Egg 和截面。整体参数类似，下面以线为例进行分析。

"线"是建模中最常用的一种样条线，其使用方法非常灵活，形状也不受约束，可以封闭也可以不封闭，拐角处可以是尖角也可以是圆角。线中的顶点有三种类型，分别是角点、平滑和 Bezier。

➤ "渲染"卷展栏：

◇ 在渲染中启用：勾选该选项才能渲染出样条线。

◇ 在视口中启用：勾选该选项后，样条线会以网格的形式显示在视图中。

◇ 使用视口设置：该选项只有在开启"在视口中启用"选项时才可用，主要用于设置不同的渲染参数。

◇ 生成贴图坐标：控制是否应用贴图坐标。

◇ 真实世界贴图大小：控制应用于对象的纹理贴图材质的缩放方法。

◇ 视口 / 渲染：当勾选"在视口中启用"选项时，样条线将显示在视图中；当同时勾选"在视口中启用"和"渲染"选项时，样条线在视图中和渲染中都可以显示出来。

◇ 径向：将 3D 网格显示为圆柱形对象，其参数包含厚度、边、和"角度"。"厚度"选项用于指定视图或渲染样条线网格的直径，其默认值为"1"，范围为 0 ~ 100；"边"选项用于在视图或渲染器中为样条线网格设置边数或面数；"角度"选项用于调整视图或渲染器中的横截面的旋转位置。

◇ 矩形：将 3D 网格显示为矩形对象，其参数包含长度、边、宽度、角度和纵横比。

◇ 自动平滑：启用该选项可以激活下面的"阈值"选项，调整"阈值"数值可以自动平滑样条线。

➤ "插值"卷展栏：

◇ 步数：手动设置每个样条线的步数

（主要调节样条线的平滑度，值越大，样条线就越平滑）。

◇ 优化：启用该选项后，可以从样条线的直线线段中删除不需要的步数。

◇ 自适应：启用该选项后，系统会自适应设置每条样条线的步数，以生成平滑的曲线。

➤ "创建方法"卷展栏：

◇ 初始类型：指定创建第一个顶点的类型，共有两个选项。角点：通过顶点产生一个没有弧度的定角。平滑：通过顶点产生一条平滑、不可调整的曲线。

◇ 拖动类型：当拖拽顶点位置时，设置所创顶点的类型。角点：通过顶点产生一个没有弧度的定角。平滑：通过顶点产生一条平滑的、不可调整的曲线。Bezier：通过顶点产生一条平滑的、可调整的曲线。

➤ "键盘输入"卷展栏：可以通过键盘输入来完成样条线的绘制。

（2）调节样条线形状的方法：如果绘制出来的样条线不是很平滑，就需要对其进行调节（需要尖角的角点就不需要调节），样条线形状主要是在"顶点"级别下进行调节。

进入"修改"面板，在"选择"卷展栏下单击"顶点"按钮，进入"顶点"级别。选择需要调节的顶点，单击鼠标右键，在弹出的菜单中可以观察到除"角点"选项以外，还有"Bezier 角点""Bezier"和"平滑"三个选项。

➤ 平滑：如果选择该选项，选项的顶点会自动平滑，但不能调节角点形状。

➤ Bezier 角点：如果选择该选项，则原始角点的形状保持不变。但是会出现控制柄（两条滑竿）和两个可供调节方向的锚点。通过"选择和移动""选择并旋转""选择并均匀缩放"等工具对锚点的操作，可以改变角点的形状。

➤Bezier：如果选择该选项，则会改变原始角点的形状，同时也会出现控制柄、两个可供调节方向的锚点。操作同上。

实践操作：制作有造型的简易踢脚线

在"创建"面板中选择"图形"，单击"线"，然后在"顶"视图中创建一个图形，命名为"图形 1"如图 6-23 所示。

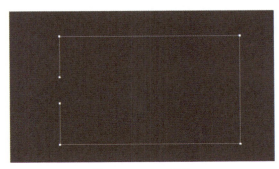

图 6-23　创建图形

勾选"开始新图形"在前视图中画一个长 80mm、宽 20mm 的矩形，命名为"图形 2"。在修改器中选择"编辑样条线"，在"选择"中选择点，在下面的"几何体"中选择"优化"，去掉"捕捉"开关，在矩形的左侧一边加点，接着选择左侧的点，拖拽选中的点，绘出目标踢脚线截面图形，如图 6-24 所示。

图 6-24　截面图形

选择"图形 1"在修改其中选择"倒角剖面"，然后单击"拾取剖面"，选择后的效果如图 6-25（a）所示。但是有造型的面与我们想要的正好相反，在前视图中选择"图形 2"，在面板中展开"编辑样条线"，选择"样条线"，然后在前视图中选中"图形 2"，使"图形 2"变为红色。单击"旋转"按钮，打开"角度捕捉"，右击鼠标把捕捉角度调为"90°"，最后沿着 x 轴的黄色线旋转"180°"，这时有造型的一面也跟着旋转了"180°"，如图 6-25（b）所示。

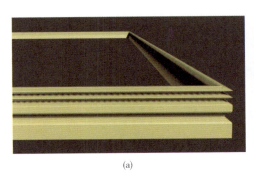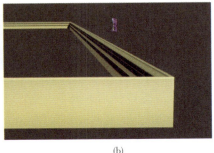

(a)　　　　　　　　　　　　(b)

图 6-25　正反截面

展开"编辑样条线"后一定要选择"样条线"，并且一定要再次选择"图形 2"使其变成红色，否则最后的旋转对"图形 1"无效。

经过以上的步骤，有造型的简易踢脚线基本完成，但是留有洞口（门）处是空心的（实际生活中是实心的），这时选择"图形1"在修改器中选择"编辑多边形"→"边界"→【Ctrl】+【A】选择"所有"→右击，选择"封口"，最终效果如图6-26所示。

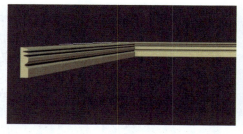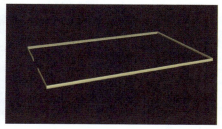

图 6-26   最终效果

2. 放样操作

放样是一个二维图形作为沿某个路径的剖面，从而生成复杂的三维对象，也是一种特殊的建模方式，可快速地创建出多种模型。

放样对象是沿着第三个轴挤出的二维图形。一个放样对象至少需要2个二维线形成：其中一个二维线形做放样的路径，主要用于定义放样的中心和高度，路径可以为开放的样条曲线，也可以是封闭的样条曲线，但必须是唯一的一条曲线且不能有交点；另一个二维线形则用来做放样截面，在路径上可以放置多个不同形态的截面二维线形，从而放样生成别具一格的物体。

（1）放样修改器：放样建模是3ds Max的一种很强大的建模方法，在放样建模中可以通过修改器对放样对象进行变形编辑，包括缩放变形、旋转变形、倾斜变形、倒角变形和拟合变形。

➢ 获取路径：将路径指定给选定图形或更改当前指定的路径。

➢ 获取图形：将图形指定给选定路径或更改当前指定的图形。

➢ 移动/复制/实例：用于指定路径或图形转换为放样对象的方式。

➢ 缩放：用于对放样截面进行缩放操作，以获得同形状的截面在路径的不同位置上的大小不同的效果。用户可以使用这种编辑器制作花瓶、圆柱等模型。

➢ 扭曲：用于沿放样路径所在轴旋转放样截面图形，以形成扭曲。对放样模型进行扭曲可以创建钻头、螺丝等模型。

➢ 倾斜：用于围绕局部 x 轴和 y 轴旋转放样模型的截面图形。

➢ 倒角：用于制作出具有倒角效果的。

➢ 拟合：用于在路径的 x、y 轴上进行拟合放样操作，它是放样功能最有效的补充。其原理是使放样对象在 x 轴平面和 y 轴平面上同时受到两个图形的挤出限制而形成新模型，也可以在单轴向上单独作拟合。

创建放样模型时，在"创建方法"卷展栏选中"实例"单选按钮方式，那么通过修改放样截面图形，便可间接地修改放样模型。

◇ 变换放样截面：选择场景中的放样模型，展开"Loft"修改器，选择图形子对象。

◇ 复制放样截面：放样模型都是从路径的起点向终点进行放样的，即使放样路径的末端没有截面图形，路径上的最后一个截面图形也会沿着路径产生末端部分的放样模型。

◇ 对齐放样截面：放样模型的表面是从各截面的起始点开始排列的，当放样路径上含有两个或两个以上的截面图形且放样截面的起始点不在同一条直线上时，便会造成放样模型的扭曲，要消除扭曲现象，就必须使截面图形的顶点位于同一平行路径上。

（2）放样建模的基本条件：

➢ 放样的截面图形和放样路径必须都是二维图形。

➢ 对于截面图形，可以是一个，也可以是多个，而放样路径却只能有一条。

➢ 截面图形可以是开放的图形，也可以是封闭的图形。

➢ 形状之间的过渡不是简单的直线连接，而是采用合适的曲线来拟合。使用修改放样截面、添加放样截面图形。图形可以有多个，形状也可以是任意的。

实践操作：制作简易窗帘

（1）单击"创建"→"图形"→"线"按钮，在顶视图和前视图中分别绘制一条曲线和一条直线，分别命名为"截面1"和"路径"，如图6-27所示。

图6-27　"截面1"和"路径"

（2）在视图中选中"截面1"，在几何体建模面板中选择"标准几何体"下拉菜单中的"复合对象"选项，在其命令面板中单击"放样"按钮，在"创建方法"卷展栏中单击"获取路径"按钮，将鼠标放置"路径"上，单击鼠标，拾取路径进行放样，如图6-28所示。

提示

3ds Max 在用户选择的第一个对象所在的位置构建放样，如果选择一条路径并使用"获取图形"，则放样会显示在该路径所在位置，如果选择一个图形并使用"获取路径"，则放样会显示在该图形所在的位置。

（3）选择"修改器"中的"变形"下拉菜单的"缩放"，进行移动和插入角点命令操作，调整窗帘，如图6-29（a）所示。单击插入的角点，右击选择"Bezier角点"，移动杠杆，如图6-29（b）所示。可以在"蒙皮参数"中增加"路径步数"，使其更加自然。

在"修改器列表"的下方展开"Loft"选择"图形"，然后选择视图中的窗帘，最后在"对齐"中选择"左"，如图6-30所示。

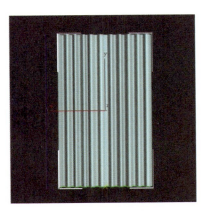

图6-28　获取路径

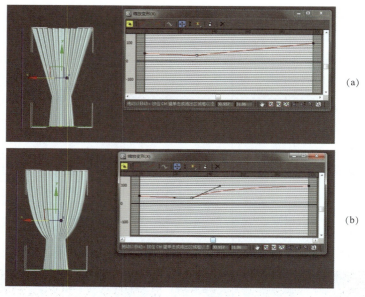

(a)

(b)

图 6-29 "变形"下拉菜单中的"缩放"

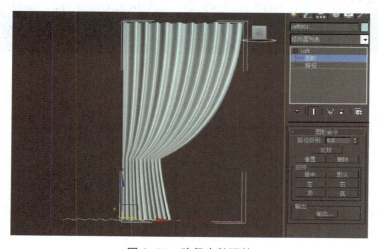

图 6-30 路径步数调整

经过以上的操作,已经做好了一半,接下来把这一半的窗帘进行复制、镜像、移动命令、赋予材质的操作。

思考与练习

➤ 以上课所在机房为参照,建立室内空间结构模型,要求模型特点鲜明,能够反映内部空间(现场体验整个过程)。

➤ 绘制机房中的主要家具、灯具、门窗等,要求尺度准确、结构完整。重点使用放样工具和三维编辑修改器中的相关命令。

室内效果图中的氛围营造

课题名称： 室内效果图中的氛围营造

课题内容： 3dsMax&V-ray 室内光环境

3dsMax&V-ray 的视角设置

V-ray 摄像机的运用技能

课题时间： 8 课时

教学目标： 室内设计是一门塑造空间环境氛围的综合艺术，与其他艺术设计门类相比，最为困难的工作在于如何把设计者头脑中的想象，通过一种能够为大众所理解的形式表现出来。在氛围营造中，室内光环境和观察视角的确立无疑是其中最具表现力和最应得到关注的因素。

教学重点： 本章涉及 V-ray 灯光和摄像机的运用技巧和常用参数，但室内环境和氛围营造是千变万化的，这要求多练习多总结，最终达到满足各种效果和熟练运用的程度。

教学方式： 多媒体课件演示结合上机操作。

第七章　室内效果图中的氛围营造

第一节　3dsMax&V-ray 室内光环境

一、室内光环境的基础知识

光不仅是为满足人们视觉功能的需要，也是一个重要的美学因素。光可以形成空间，改变空间，直接影响到人对物体大小、形状、质地和色彩的感知。因此，照明是室内设计的重要组成部分之一，在设计之初就应该加以考虑。

1. 室内光环境的心理功能

室内光环境设计包含人、经济及环境的需求，以及空间形式、构成关系、艺术风格等方面要求。不同的照明给人以不同的感受，直接影响着处在这一空间中人群的情绪和行为，对心理产生完全不同的影响。

2. 室内光环境的艺术效果

室内照明设计师要巧妙地运用各种手法，充分利用各种照明装置，在恰当的部位施以匠心独运的创意，形成生动的光影效果，从而丰富空间的内容和层次。自然光丰富的变化有利于艺术创作，更具有丰富多变的光影变化、细腻地表现出细节和质感变化；人工照明在光源和灯具品种的多样性、场景设计的多变性、布光的灵活性、投光的精确性等方面，有着不可替代的优势。

二、室内设计的布光策略

1. 布光理论

灯光的设置过程简称为布光。室内效果图有个著名而经典的布光理论：三点照明。三点照明，又称为区域照明，一般用于较小范围的场景照明。如果场景很大，可以把它拆分成若干个较小的区域进行布光。一般有三盏灯即可，分别为主体光、辅助光与背景光。

（1）主体光：通常用来照亮场景中的主要对象与周围区域，决定主要的明暗关系，包括投影的方向，常用聚光灯来完成。

（2）辅助光：又称为补光。用一个聚光灯照射扇形反射面，以形成一种均匀的、非直射性的柔和光源，用它来填充阴影区以及被主体光遗漏的区域、调和明暗之间的反差，同时形成景深与层次。这种广泛均匀布光的特性使得场景如被打上一层底色，定义了基调。要达到柔和照明的效果，通常辅助光的亮度只有主体光的50%~80%。

（3）背景光：作用是增加背景的亮度，从而衬托主体，并使主体对象与背景相分离。一般使用泛光灯，亮度宜暗不可太亮。

2. 布光的顺序

（1）先确定主体光的位置与强度。

（2）决定辅助光的强度与角度。

（3）分配背景光与装饰光。产生的布光效果能达到主次分明，互相补充。

3. 布光的技巧

（1）灯光宜精不宜多。过多的灯光使工作过程变得杂乱无章，难以处理，显示与渲染速度也会受到严重影响。另外要注意灯光投影与阴影贴图及材质贴图的用处，能用贴图替代灯光的地方最好用贴图去做。

（2）灯光要体现场景的明暗分布，要有层次性，切不可把所有灯光一概处理。根据需要选用不同种类的灯光，根据需要决定灯光是否投影，以及阴影的浓度，根据需要决定灯光的亮度与对比度。

（3）要学会利用灯光的"排除"与"包括"功能，绝对灯光对某个物体是否起到照明或投影作用。

（4）布光时应该遵循由主题到局部、由简到繁的过程。对于灯光效果的形成，应该先调角度定下主格调，再调节灯光的衰减等特性来增强现实感。最后再调整灯光的颜色做细致修改。

三、V-ray 光源解析

1. 渲染器设置

首先要确保当前的渲染器是 V-ray 渲染器，按如图 7-1 设置。

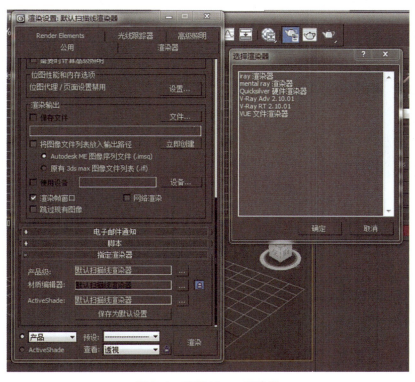

图 7-1　选择 V-ray 渲染器

在产品级中选择指定渲染器是 V-ray Adv 渲染器。

2. V-ray 渲染器提供的灯光类型

V-ray 渲染器除了支持 3ds MAX 标准灯光和光度学灯光之外，还提供了"V-ray 光源""V-rayIES""V-ray 环境光"和"V-ray 太阳"等类型。

（1）V-ray 光源是运用的最广泛的一种灯光类型，有平面、穹顶、球体三种形状。

（2）V-rayIES 灯光是新增加的一种灯光类型，可以采用光度学灯光当中常用的光域网文件来进行照明。"None"处选择"IES 文件"，功率的大小控制灯光强度，如图 7-2 所示。

图 7-2　V-rayIES 调用光域网文件

（3）V-ray 太阳主要用来模拟室外的太阳光照明，在室外建筑渲染的时候常用，在创建时会询问是否自动添加一张 VR 天光环境贴图，点击"是"。这张图会出现在如图 7-3 所示位置。

一般 V-ray 太阳的强度是非常强的，需要把强度倍增器改小。下面主要来看一下 V-ray 光源的使用，确保目前渲染器是

V-ray 渲染器,确保环境贴图里面没有 V-ray 天光，如果有的话，就在按钮上面按右键，清空。

➢ 在默认情况下面，创建 V-ray 光源是平面形状的灯光，方法跟画矩形一样，拉出对角就可以了。

➢ 可以用移动、旋转和缩放工具来调整灯光的位置和入射的角度。

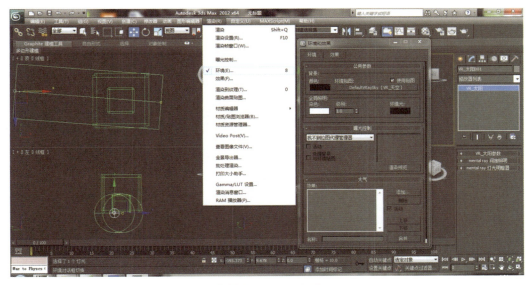

图 7-3　V-ray 太阳

➤ 灯光的亮度主要是通过倍增器来进行控制，同时灯光的亮度还和灯光的尺寸大小有关，场景的亮度同时还会影响渲染的时间。

➤ 一般来说，灯光的"不可见"选项是要勾选的。在顶视图上点击，创建一穹顶状的 V-ray 光源，这种灯光主要用来模拟天光。

➤ 把灯光的位置任意移动，渲染之后发现结果是一样的，说明穹顶灯光的位置是不会影响渲染结果的。旋转穹顶灯光的方向，发现渲染结果是有影响的。

➤ V-ray 光源的球体灯光主要用来模拟点状光源，比如灯泡或太阳发出的光，有半径值来调整发光体的大小，和平面形状的灯光一样，光线的强度除了和倍增值有关还和半径值的大小有关。

3．灯光的投影研究

在场景中创建一光度学的目标灯光。

（1）用"V-ray 阴影"类型，且打开了"区域阴影"效果。渲染效果近实远虚，是一种非常真实的灯光投影效果。不勾选"区域阴影"，渲染速度会加快。如果选择的是球体类型的话，只需要调整 u 尺寸就可以了，实际上它表示的是球体的半径，如果选择的是立方体类型的话，那就可以分别调整 u、v、w 方向的尺寸得到更多的变化，我们一般只要用球体的类型就可以了。

（2）把阴影的类型从 V-ray 阴影类型，换成默认的"阴影贴图"的类型，渲染一下，如果产生的投影好像不大准确，原因是偏移值为"1"。把偏移值改为"0"，渲染得到正确效果。

（3）给灯光增加体积光效果，体会到阴影的细腻程度。拿 V-ray 阴影来说，勾选"区域阴影"，u 尺寸为"10"，效果不错；想让近实远虚效果更明显一些，于是把 u 尺寸加大，阴影产生了非常严重的颗粒感觉，这就是因为阴影扩散到更大范围去以后，阴影的细分不够造成的，把下面的细分"8"改成"50"，颗粒感明显减轻，细节增多。

四、V-ray 室内常见灯光设置

提示

调整灯光色彩是氛围营造中非常重要的手段。室内主要光源不能无色。暖色光会增加居家的温馨感；另外，灯光明暗也可以通过颜色调节，这样的明暗关系过渡比较自然。

1. 自然光

在表现太阳光的时候，一般用标准灯光中的目标平行光，启用 V-ray 阴影。阳光比较强烈直射的时候，不勾选 V-ray 阴影属性面板中的"区域阴影"；阳光不是很强烈的时候，勾选"区域阴影"，但区域阴影的尺寸设置的都不大，这样可以得到相对比较锐利的投影，且没有严重的颗粒感。

在表现天光照明的时候，一般采用"V-ray 光源"中的穹顶光，可以产生非常柔和的天光照明效果。在表现从窗户口照射进来的天光的时候，常创建一个和窗口一般大小的"V-ray 光源"平面光，渲染速度更快，效果更好。

（1）利用天空光和 3ds Max 自身的灯光（目标平行光或者 Iesun）。

注意：在利用这两种光配合的时候，目标平行光和 Iesun 都要打开阴影且类型都要是 V-ray 阴影，否则会发现场景中曝光。

（2）利用 V-raysun 和 V-raysky（V-ray 天空光，是一张贴图）。

其中设置 V-raysun 中浊度参数为"15"，强度倍增参数为"0.02"；V-raysky 中浊度参数为"5"，强度倍增参数为"0.03"。

（3）利用 V-raylight 和 Max 自身的平行光来结合。

提示

加入 V-raylight 后，细分要给高，大约 50 左右，否则会出现斑点；倍增器设置到 2 左右，勾选其不可见性。颜色适当设置为天蓝色；这样设置在大场景耗时较多，但也是最常用的一种组合方式；注意设置 V-raylight 位置时，要注意灯光方向不能调错。

（4）把窗口的灯光调整为自发光材质。

2. 人工光

（1）直行暗藏灯：在前视图画出 V-raylight 灯光（注意在不同场合有不同方向，比如天花暗藏处灯光要向上打，也有向前的打法和向下的打法），强度一般控制在 5 左右测试合适为止。灯光调整为不可见。

（2）异形暗藏灯：像有造型的灯槽是不能用 V-raylight 打的，可以通过一些替代物去施加自发光，通过这些可以制造出异形暗藏灯。具体步骤为：

➢ 在顶视图上画出一个圆形，将其厚度加粗。

➢ 在修改面板中点选：在渲染中启用和在视图中启用。

➢ 将其捕捉对齐到圆形暗槽内。

➢ 然后将物体随便赋予一个材质。

➢ 设成 V-ray 自发光材质（V-raylight）。

➢ 更改其颜色适当增加倍增。

➢ 右击该对象选择"对象属性"将产生阴影，接受阴影，将可见性都关闭，还有对摄像机可见也关闭。

（3）室内射灯打法：该种灯光使用的是光度学灯光下面的目标点光源。

➢ 倍增：根据场景大小和灯距离程度不同可以自由设置参数，一般在以 cm 为单位，大小在 800 ~ 3000 不等，如果墙跟筒灯之间的距离太近可以适当拉远。

➤ "阴影"下面的"启动"要点选，类型为"V-ray阴影"。

➤ 在"强度颜色分布"下面的"分布"中要选择"Web"；

➤ 不要把V-ray区域阴影下的面积阴影打开，这样会消耗很多时间，同时也会出现很多杂点。

（4）各式灯箱灯柱设置技法：

➤ 将灯箱赋予材质在基础上追加V-ray灯光材质。

➤ 在下面的None中加入一张灯箱贴图。

➤ 在V-ray材质基础上追加材质包裹材质。

这个时候会发现灯箱里面的图片不清晰，要想改变其清晰程度，则在自发光中将倍增降低到0.5左右，然后在包裹器下面将产生GI提高到2左右即可造成既让灯箱变亮且又没有色溢。

（5）各式吊灯（吸顶灯）、台灯、壁灯设置技法：

①吊灯打法：通常采用比较多的打法就是采用泛光灯，此种打法适合对效果图质量要求不是很高且时间很少的时候，即在不需要打开阴影的情况下，泛光灯强度设置到1左右，打开远距衰减。把开始设为"0"，让一开始就产生衰减，结束的范围比灯的体积大一些即可。想要营造氛围最好是用V-raylight来做，步骤：

➤ 画出一个V-raylight，类型采用球形，大小比吊灯大一些。

➤ 拉到合适位置调节颜色和倍增（0.5左右）且勾选灯光的不可见性。

②吸顶灯打法：跟吊灯一下，要是用V-ray灯光去打把灯往上拉，只让灯光的一半露出即可。

③台灯打法：除了跟前面的两种灯光打法一样外还可以用自由点光源去创建。只要加入一张台灯的广域网即可（数值设置到500左右）。再有就是它的阴影选择的是标准阴影，最后就是点击修改面板下方参数中的"排除"，将台灯自身的物体排除在外避免造成不必要的阴影。

操作实训：V-ray室内日光布置

这是V-ray室内日光布置的流程简介，目的是快速掌握V-ray灯光的使用方法，具体的参数可以在后面了解。V-ray的更新速度非常快，但常规设置改变不多，因此使用新旧版本问题不大。

3. 布光思路

无论采用何种渲染器，在场景中布光时，都要有一个清晰的工作流程。这里采用逐步增加灯光的方法。

在场景中布光时，从无灯光开始，然后逐步增加灯光，每次增加一盏灯。只有当场景中已存在的灯光已经调整到令人满意后才增加新的灯光。这样能够让我们能够清楚地了解每一盏灯对场景的作用，并能够避免场景中多余的灯光而导致不需要的效果和增加渲染时间。通常情况下是从天光开始，然后增加阳光，最后才添加必需的辅助灯光。

➤ 在计算光照贴图之前，隐藏所有的玻璃材质物体。这样不仅能让更多的光线通过，而且能够加快测试渲染的速度。

➤ 设定渲染尺寸为400像素×300像素，并且选择"Image Sampler AA to Fixed:（设定图像抗锯齿值）"→"Subdiv=1（细分值为1）"。在这个早期阶段，我们需要快速渲染来看到结果，所以快速渲染可以用小的分辨率，也不需抗锯齿。

➤ 在"Advanced Irradiance Map Parameters

（高级辅射图参数）"→"Mode 模式"卷展栏中，确认"Bucket mode（桶模式）"被选中。此时渲染器被划分为许多区域或称之为"buckets（桶）"，当计算完成之后每个区域都是可见的。buckets 的较好的尺寸是 128 像素 ×128 像素，工作时还经常改变"Render Region Sequence（渲染区域序列）"渲染顺序，这样就能最先看到自己所感兴趣的区域。在最初的测试渲染中主要考虑的是到达后面墙壁的光线，所以将区域渲染块的渲染顺序设定为"LeftRight（从左到右）"。

➤ 关闭材质编辑器中所有的"Reflections（映像）"，反射会在基于颜色临界值设定的光照贴图中增加不必要的采样。

➤ 打开全局照明 (GI)，设定"Irradiance Map Presets（预先调整辅射图）"为"Low"。确认"Show calc. Phase（显示计算状态）"被选中来观察光照贴图的计算和哪些部分进行了采样。

（1）天光（环境光照明）：

➤ 创建一个"Omni light（泛灯光）"并将其关闭。这样就去掉了场景中缺省的灯光。打开"EnvironmentGI Environment（Skylight，天光）"。

➤ 确认 Overide Max's 被选中。

➤ 选择灯光的 RGB 颜色值为"173，208，255"，并将倍增器的值设定为"Multiplier（倍增器）=4.0"。间接照明光线显得太暗，有两种方法来改进：

增加 Multiplier 的值或在渲染对话框中使用"Color Mapping（色彩图）"选项。Color Mapping 允许对明亮区域和黑暗区域的对比度进行有限的调节控制。在这里使用 Color Mapping，因为外部具有足够的照明，只需要增加室内照明。设定"Dark

Multiplier=2.0"。保存光照贴图并且在调节颜色映射参数时重复使用。颜色映射参数对于室内场景和缺乏灯光照明的场景，颜色的纠正非常有用，能够获得非常好的图像而无需增加灯光和天光。

➤ Type（类型）——颜色纠正的类型。目前支持的类型只有线性倍增，它通过调节强度值来简单增加颜色的亮度。

➤ Dark multiplier（黑暗倍增器）——用于增加黑暗区域的亮度值。对于室内场景和缺乏灯光照明的场景，需要增加该值来使黑暗区域获得更多的照明。

➤ Light multiplier（明亮倍增器）——明亮区域的倍增值。通常应当使用其缺省值 1.0，表示明亮区域的光线不需加强。

（2）SUNLIGHT（阳光）：

➤ 创建一个阳光系统。Sunlight Settings（Color：R255、G251、B237；Multiplier：3.0；Shadow：On V-ray Shadows）（光线设置：RGB 颜色值为"255，251，237"；倍增器值为 3.0；阴影类型为 V-ray 阴影）。

➤ 调节阳光系统使得有一些阳光直接照射进入室内场景。关闭"Indirect illumination (GI，间接照明)"减少渲染时间。在这里不需 GI，只需观察阳光照射的情况。

➤ 阳光和天光的混合给室内场景提供了足够的照明，但渲染的结果看上去受天光的影响显得太蓝。天光占主要影响是因为二次反射的倍增值较低，为了增加来自阳光所产生的全局照明，将二次反射倍增值调节为"Secondary Bounce Multiplier（二次反射倍增值）"为"1.0"。该项调节不同于调节颜色映射倍增值。颜色映射倍增值影响图像的明亮度，而改变 GI 倍增值影响在光照贴图计算时反射光线的光能分配。

所以，改变光线反射倍增值需要重新计算光照贴图，而改变颜色映射倍增值可以使用已保存的光照贴图。

另外需要注意的是来自太阳的天光和环境照明不会在小物体上产生阴影，如栏杆和扶手。增加 IR Map 的 Min & Max Rates 可以解决这个问题，但会显著增加渲染时间。另外的解决方案是使用不可见的 V-raylight 模拟来自窗外的光线。如图 7-4 所示。

图 7-4　细节效果对比

（3）设置补光：

➢ 放置一个 V-raylight 在玻璃墙外，确认其法线指向室内。V-raylight Settings（Color：R255、G245、B217；Multiplier：1.0；Invisible：Checked；Type: Plane），（V-ray 光线设置：RGB 颜色值为"255，245，217"；倍增值为 1.0；选择"不可见"，类型为"平面"）。注意由 V-raylight 产生的较好的阴影。V-raylight 不应当设定为 Store in IR map（存储在 IR 图中），因为这样在进行光照贴图采样时会模糊该阴影。

➢ 打开所有的灯光和光照贴图，现在是重新调节颜色映射设定的最好时机。此时的测试渲染应当很快，因为重复使用已保存的光照贴图而仅仅调节颜色映射倍增值，对于最终的渲染，使用的值为：Bright=1.0 and Dark=1.7（高度为"1.0"，暗度为"1.7"）。

（4）FINAL RENDER SETUP（最终渲染设定）：

➢ 光照贴图计算：改变光照贴图设定为 Medium（中度）或 High（高度）。光照贴图的预设定值取决于出图的分辨率并且针对 640 像素 × 480 像素的分辨率进行优化。对于最终渲染，分辨率应当是 700 像素 × 526 像素。

➢ 改变"Render Output Size（渲染输出尺寸）"值为所需要的分辨率值。检查设定并确认它们与图中类似。在光照贴图计算完毕后，V-ray 会自动保存并再次调用它。

➢ 打开 V-raylight，增加 Subdivs 值来发射光子。

➢ 取消玻璃的隐藏，在材质编辑器中打开材质的反射。

改变图像抗锯齿值（AA）为"Adaptive Subdivs=0.2（适应细分值为 2）"。如果图像中有许多 Noise（噪音）特效，例如在大的光滑反射区域使用了 Noise 特效，simple two-level AA（简单二级抗锯齿）要快于 Adaptive Subdivs（适应细分）。

第二节　3dsMax&V-ray 的视角设置

一、室内效果图的构图原理和技巧

1. 室内效果图的构图

室内效果图的构图是从美术的构图转化而来的，就是运用镜头的各种成像特征和各种造型手段来构成照片的画面，也就是指形体在画面中的占有情况。构图需讲究艺术技巧和表现手段，在我国传统艺术里称为"意匠"。构图的精拙直接关系到一幅作品意境的高低。构图是重要一环，但必须建立在立意的基础上。一幅作品的构图，凝聚着作者的匠心与安排的技巧，体现着作者表现主题的意图与具体方法。成功的构图能使作品内容顺理成章、主次分明、赏心悦目。

做效果图的过程，实际上就是用摄影机把景物拍摄出来的过程。不同的是，效果图中所有的景物、灯光是通过 3ds Max、V-ray 等软件去建立和布置起来的。所以，了解并掌握好摄影和色彩搭配的一些基本常识，是做出好作品的基础。

2. 效果图构图的技巧

效果图的构图同样遵守摄影构图的法则。总的来说，构图要讲究和谐统一、关系平衡。在美学法则的基础上产生变化，而形成艺术美。一般情况下，效果图的构图要注意下面三点：

（1）主题——确定效果图的表现主题：首先要确定一个表现的主题。空间效果图主要由一个主题延伸到局部空间，或者延伸到整个空间，这个主题就是画面的视觉中心。主题可以是家具，可以是造型，也可以是整个空间布局。

（2）稳定——画面安定、和谐、舒服：画面的构成让人看着感觉到心理、视觉印象安定，没有觉得视角上的别扭和心理上的不舒服。画面要稳，不能上下失衡、左右失衡，失衡包括物体和色彩的失衡。一般情况下，室内效果图的画面比例可以根据：天花占 30%；墙占 30%；地板占 40% 来确定。

（3）均衡——疏密合理、有疏有密、有明有暗、有虚有实：在构图安排中要注意物体与物体间，物体与空间环境间，色彩与色彩之间的疏密变化，不能都靠在一起，也不能都分开。画面要讲究对比，要合理地进行疏密、明暗布局，从而表现出一定的虚实，形成不同的美感和艺术效果。

3. 效果图构图在软件里的操作要点

室内效果图的构图在 V-ray 软件中的操作主要涉及：调整相机的位置、高度、焦距。镜头如果设置得越小，镜头视野就越大，但会造成物体变形。正常镜头最好控制在 16 ~ 24 之间，这样，物体变形不至于很明显。

最后，再使用相机的某些功能（比如相机裁剪），合理调整场景物体的位置，加上适当的 Photoshop 后期处理。

二、效果图构图的要素

构图学是绘画和摄影中的最基本理论，在效果图制作中也被广泛运用。效果图的构成是有一定的画面元素的，缺少合理的元素就会影响效果图的视觉效果，可以将画面元素理解为构成整个图面的所有物体及光效，效果图中的画面元素一般分为设计主体、摆设、配饰、环境及灯光。

➤ 设计主体：是效果中表达的最重要部分，没有设计主体的效果图也就失去了存在的意义，其他元素都要以这个主体为中心来搭配。

➤ 陈设：就是家具或功能性物品，是设计空间中不可缺少的物体，其风格要与设计主体相配，主要目的就是要表达空间功能、使用范围及所适合的人群。

➤ 配饰：在效果图中能起到画龙点睛的作用，并且可以丰富画面以及提升效果图的档次。配饰除了要符合设计主体的风格外，还要注意实用性和合理性。

➤ 环境：一般是指为烘托室内环境而存在的室外环境。室内的效果和室外的环境是相互决定和相互影响的。在绘制室外的环境效果图时，一般要考虑时间、方位、季节、高度、位置、天气这六个因素。

➤ 灯光：是画面中不可缺少的元素，合理布置灯光使效果更加真实。灯光的强弱在画面中也会起到非常重要的作用。灯光除了能照亮场景以外更重要的是为了突出设计要素，如图 7-5 所示。

图 7-5　灯光氛围营造

三、摄像机构图技巧

三维场景中的摄像机比现实中的摄像机更加优越，可以瞬间移至任何角度、更换镜头效果等。虽然在摄像机视图中的观察效果与在视图中的观察效果相同，但是在摄像机视图中，用户可以根据场景的需要随意调整摄像机的角度和位置，因此使用起来更加方便。

V-ray 摄像机就是用来从特定的观察点表现场景的虚拟摄像机物体。摄像机可以模拟真实世界中人们观察事物的角度，如俯视、仰视、鸟瞰，还可以模拟人们观察事物的某些特点，如观察大场景时出现的景深、运动模糊。V-ray 摄像机也是一样。构图技巧主要就是使用摄像机来体现物体的质感和层次感。

➢ 质感：在表现墙面质感时，经常会制作一些具有机理的材质或是具有凹凸效果的造型。

➢ 层次感：可以理解为空间的进深感，可以用设置前景的方法或加大摄像机的广角来增强效果图的层次感。

第三节　V-ray 摄像机的运用技能

一、常用术语

镜头与感光表面间的距离称为镜头焦距。焦距会影响画面中包含对象数量，焦距越短，画面中能够包含的场景画面范围越大；焦距越长，包含的场景画面越少，但是却能够清晰地表现远处场景的细节。焦距以毫米为单位，通常将 50mm 的镜头定为摄影的标准镜头，低于 50mm 的镜头称为广角镜头，50 ~ 80mm 之间的镜头为中长焦镜头，高于 80mm 的镜头称为长焦镜头。

在 3ds Max 中安装了 V-ray 渲染器后，摄像机列表中会增加一种 V-ray 摄像机，在 V-ray 摄像机中，分为"V-ray 穹顶摄像机"和"V-ray 物理摄像机"。

二、V-ray 物理摄像机

1. V-ray 物理摄相机工具

V-ray 物理摄相机与现实生活中的相机类似，大部分参数都是来源于真实的相机。因此，调节技巧也与现实摄影技术一样，有光圈、快门、曝光、IS 调节功能。使用"V-ray 物理摄像机"工具，在视图中拖拽光标即可创建 V-ray 物理摄像机，可以观察到 V-ray 物理摄像机也是由摄像机和目标点组成，如图 7-6 所示。

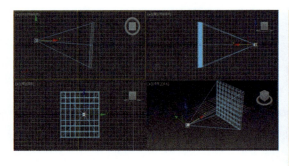

图 7-6　V-ray 物理摄像机

"V-ray 物理摄像机"下设"基本参数""背景特效"和"采样"三个卷展栏。

➢缩放因数：这项参数决定了最终图像的（近或远），但它并不需要推近或拉远摄像机，等同于胶片规格。

➢Shutter Speed（快门速度）：控制图像的明暗度，常与光圈系数配合使用。默认值为"200"，快门速度为 1 ~ 200 秒。快门速度值越高，表示进光的时间越少，场景会越暗，反之亦然。

➢F-number（光圈数）：光圈系数和光圈相对口径成反比，一般都控制在 8 以内，系数越小口径越大，主体更亮更清晰，光圈系数和景深成正比，系数越大景深越大。

➢Film speed（感光度 ISO）：也是胶片的速度，值越高画面越亮。白天 ISO 都控制在 100 ~ 200，晚上控制在 300 ~ 400。

➢渐晕：类似于真实相机的镜头渐晕（四周暗中间亮）。

➢白平衡：无论环境光线如何影响变化，都以白色来控制整个场景的色调。如果将场景中的偏暖色调改为偏冷色调，则可设置为暖色，反之设置为冷色。默认白色为标准状态，如图 7-7 所示。

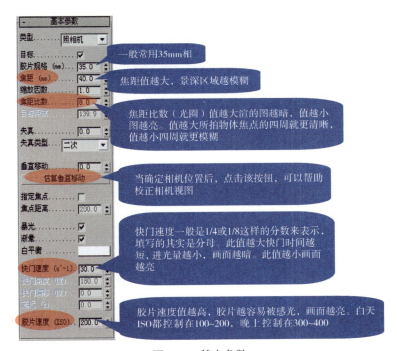

图 7-7 基本参数

2. V-ray 物理摄像机与 3ds Max 摄像机的区别

（1）Max 摄相机是不可能实现照明，但 V-ray 的物理摄相机可以。也就是当参数设好后，如果觉得整体太亮或太暗就不用动灯光了，通过调节摄相机的快门等参数改变场景的亮度，如图 7-8 所示。

（2）焦距的调节也更灵活和方便。

（3）可以调节景深。勾选"景深"即可得到景深效果。调焦使影像清晰时，在焦点的前后一段距离内的区域，图像能清晰的呈现，这一段范围称之为景深，景深越长，那么能清晰呈现的范围越大；反之，景深越小，则前景或背景会变得模糊，模糊是因为聚焦松散所形成的一种朦胧现象。

➤ 景深与焦距的长短成反比。即镜头焦距越长 (特写)，景深效果越小。

➤ 景深与景物拍摄的距离成正比，相机离景物越近，景深越短。

➤ 光圈越大，景深越短；光圈越小，景深越长 (效果越明显)。使用较小光圈值时，相机聚焦一定要保持准确，否则容易形成焦点偏差。

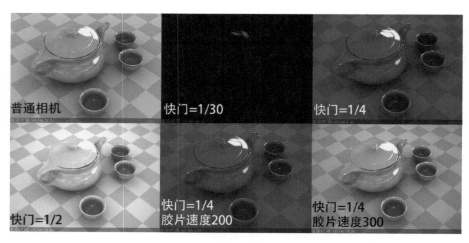

图 7-8　参数对比

三、V-ray 穹顶摄像机

V-ray 穹顶摄像机一般被用来渲染半球圆顶效果。

➤ 翻转 –X：让渲染的图像在 x 轴上反转。

➤ 翻转 –Y：让渲染的图像在 y 轴上反转。

➤fov：设置视角的大小。

思考与练习

➤ 在表现太阳光的时候，一般用标准灯光中的目标平行光，启用 V-ray 阴影，阳光比较强烈直射的时候，V-ray 阴影属性面板中的"区域阴影"不勾选，不是很强烈的时候，一般都会勾选"区域阴影"，但区域阴影的尺寸设置的都不大，这样可以得到相对比较锐利的投影，且没有严重的颗粒感。

➤ 在表现天光的照明的时候，一般采用"V-ray 光源"中的穹顶光，可以产生非常柔和的天光照明效果，在表现从窗户口照射进来的天光的时候，常创建和窗户口一般大小的"V-ray 光源"中的平面光，渲染速度更快，效果更好。

➤ 根据上面两个提示，分别进行太阳光和天光的照明训练。

室内效果图的质感表现

课题名称：室内效果图的质感表现

课题内容：室内效果图中的材质之美

V-ray 材质应用技能

V-ray 渲染优化技能

课题时间：8 课时

教学目标：本课程通过理论与实践的结合，材质与渲染在效果图的制作流程中的运用等，使学生对渲染插件 V-ray 的材质编辑设置、渲染设置等几个大的模块有一个精确的认识，充分发挥学生的创造思维，充分拓展其艺术的思维空间。

教学重点：掌握 V-ray 渲染器的创建与修改方法；掌握 V-ray 材质的使用方法；掌握 V-ray 贴图的运用技法；掌握 V-ray 渲染器预设与最终输出的设置方法。

教学方式：多媒体课件演示结合上机操作。

第八章　室内效果图的质感表现

第一节　室内效果图中的材质之美

材质塑造与渲染表现是室内效果图中的重要组成部分，通过材质的质地和肌理的美感特征，室内设计如同被注入了生命、拥有了灵气。不同的材质或是给人亲切的感受，或是引起人无限的遐想，或是引人共鸣，装扮着空间，提升了设计价值，成为优秀室内效果图中不可或缺的部分。

一、材质的情感美

运用材质进行设计与绘画相似，都是为了表达一定的创意，塑造一定的角色情感。材质的相互配合也会产生对比、和谐、运动、统一等意义。一种好的设计需要好的材质来渲染，诱使人去想象和体会，让人心领神会而怦然心动。如汉斯·维纳"中国椅"系列家具拥有简洁、优美的线条，又不失精致的细部处理和高雅、含蓄的造型，深得明清家具的底蕴。那独有的神秘美感及富有内涵的东方简约主义风格，使人感受到一种记忆中久远的从容和温情。

二、材质的自然美

设计师常在设计中融入自然材质，使自然的神秘性和多样性能够在人造世界中得以延续。在社会鉴赏力不断提高的今天，设计美学不仅仅局限于规范机械的工业美学，通过材料的调整和改变以增加自然神秘或温情脉脉的设计情调，使人产生强烈的情感共鸣。如石材——古朴、沉稳、庄重、神秘；木材——自然、温馨、健康、典雅；金属——工业、力量、沉重、精确。木质家具效果如图 8-1 所示。

图 8-1　木质家具和布艺陈设真实呈现材质美感

三、材质的科技美

1. 材质的光学效应美：材质的光泽源于材质对光的反射和折射

材质的视觉设计其实就是光的设计，每一种材质的光学效应是不同的，材料的不同，带给人视觉和触觉上的感受不同，人们对材料的认识大都依靠不同角度的光线。光是造就各种材质美的先决条件，使材质呈现出不同的光泽度。

2. 材质的工艺美：材质美的来源是对材料工艺的遵循

随着自动控制的运用，新材料工艺的形成，对材质的加工工艺也产生了影响。如 3D 打印机、冲压成型、拉伸成型工艺等，使材质形态肌理多样化。这种美感来源于材质细致精湛的工艺，是真实的、合理的。

3. 材质的绿色性：材质使用的道德和社会责任

绿色材质的美源于人们对于现代技术文化所引起的环境及生态破坏的反思，体现了设计师和使用者的道德和社会责任心的回归。用新的观念来看待耐用品循环利用问题，真正做到材质的回收利用。绿色材质的美着眼于人与自然的生态平衡关系，在设计过程的每一个决策中都充分考虑到环境效益，尽量减少对环境的破坏。

综上所述，设计中的材质美主要体现在科技、自然和人文社会因素中。材质的美感直接影响设计的艺术风格和感受。优秀的设计离不开优美的材质，但这不是说材质的美感可以凌驾于其他的设计要素之上，设计美感都是造型、材质、功能、风格的平衡与和谐。

第二节　V-ray 材质应用技能

V-ray 在室内外效果图制作中，几乎可以称得上是速度最快、渲染效果极好的渲染软件精品。本章主要讲解 V-ray 的材质类型及参数、贴图类型及效果。其中材质主要介绍了最为常用的几种材质及其参数控制方法，如标准材质、建筑材质、混合材质等。贴图主要介绍了二维贴图、三维贴图、合成贴图等。

一、材质面板简介

在 3ds Max 中按【M】键打开材质编辑器对话框，选择一个空白的材质球赋予指定物体，然后单击"Standard"按钮后双击"V-rayMtl"，出现 V-ray 常用材质的设置面板。

1. V-rayMtl 材质

V-rayMtl（V-ray 材质）是 V-ray 渲染系统的专用材质。使用这个材质能在场景中得到更好、正确的照明（能量分布），更快的渲染，更方便控制的反射和折射参数。在 V-rayMtl 里能够应用不同的纹理贴图，更好地控制反射和折射，添加"bump（凹凸贴图）"和"displacement（位移贴图）"，促使直接 GI(direct GI) 计算，对于材质的着色方式可以选择 BRDF。常用详细参数如下：

（1）漫反射：材质的漫反射颜色，也可在漫反射贴图通道凹槽里使用一个贴图替换这个值。布料漫反射常在此选项中加入衰减，使布料有毛绒绒的感觉。在漫反射中加入 OUTPUT 可提高白色的亮度。

（2）反射：控制反射强弱，反射越大速度越慢。可在反射贴图通道凹槽里使用一个贴图替换这个倍增器的值。黑色表面没有任何反射，值越大反射越强，白色表面完全反射。物体表面越粗糙的反射越弱，表面越光滑反射越强。光滑的物体表面"镜射"出光源，这就是物体表面的高光区，它的颜色是由照射它的光源颜色决定的（金属除外），随着物体表面光滑度的提高，对光源的反射会越来越清晰，越是光滑的物体高光范围越小，强度越高。在玻璃、木材或石材的材质调节中加入衰减，让反射更加真实。

➢ 高光光泽度：主要控制模糊高光，只能在有灯光的情况下有效果，值越低越模糊，高光范围越大。值为"0.0"意味着得到非常模糊的反射效果。值为"1.0"，就没有模糊反射。如果在后面加入一张同漫反射同纹理的黑白或者灰度贴图可以让高光有强弱的细节，贴图越亮，光泽度越亮，纹理明暗越弱。反之亦然。

➢ 反射光泽度：控制反射清晰度。值为"0.0"意味着得到非常模糊的反射效果。值为"1.0"，就没有模糊反射。此值越低将增加渲染时间越长。贴图越暗，模糊就越弱，贴图越亮，模糊就越强。

➢ 细分：控制光线的细腻程度，值越低细腻程度越差，杂点也越多。值越高细腻程度越好，但渲染时间也会增长。通常打到 5 左右时间和质量可以得到一个平衡。对于大面积物体，应加大细分才能保证效果。

➢ 菲涅尔反射：当这个选项给打开时，反射将具有真实世界的玻璃反射。这意味着当角度在光线和表面法线之间角度值接近"0"度时，反射将衰减（当光线几乎平行于表面时，反射可见性最大。当光线垂直于表面时几乎没反射发生。）也就是说在具有反射的条件下正面对着视线的物体反射弱，侧边对着视线反射强些。大量使用在玻璃等材料上。勾选时，物体的反射会变弱，故需要与反射强度配合使用。后面的【L】键表示锁定下面的 IOR，如果想采用菲涅尔方式又想其变得亮一些可以在 IOR 中进行设置。IOR 值越大反射就会越强，其值不宜设的太大，太大则没有效果，通常情况下保持默认即可。

➢ 最大深度：控制反射时相互之间光线反复的次数。一般调到 3 ~ 5。

➢ 排除颜色：主要控制超过最大深度反射后的一种效果。

➢ 使用插值：效果在于柔化粗糙的反射效果，可提高渲染速度，但同时也降低图像质量，在表现反射模糊的时候很有用。反射模糊是物体反射过程中产生反射深度衰减的结果。当勾选该选项时，就可以设置反射插值卷展栏下的最小最大比率等，但速度会有所下降，一般不用勾选。Exit color（退出颜色）表示当光线在场景中反射次数达到定义的最大深度值以后，就会停止反射，此时该颜色将被返回，更不会继续追踪远处的光线。

（3）折射：控制透明度的倍增器，越白越透明，全黑色为不透明。在"texture maps（纹理贴图）"部分的折射贴图通道凹槽里可以使用一个贴图替换这个倍增器的值。玻璃或窗纱中常在折射里加入衰减。

（4）半透明：主要制作半透明物体，要配合上面的参数进行调整。HARD 模式主要用于制作腊烛硬质模式，SOFT 模式主要用于制作水或皮肤软质模式，在室内效果图绘制中较少涉及。

（5）BRDF：V-ray 中控制双向反射分布的参数，主要作用于物体表面的反射。当反射里的颜色不为黑色和反射模糊不为"1"时有效。主要有 Phong、Blinn、Ward。高光区域 Phong 最小，Ward 高光区域最大。

（6）选项：

➢ 跟踪反射：反射开关。

➢ 跟踪折射：折射开关。

➢ 双面：这个选项 V-ray 是否假定所有的几何体的表面作为双面。

➢ 背面反射：这个选项强制 V-ray 总是跟踪反射（甚至表面的背面）。注意：只有打开"the Reflect on back side（背面反射）"，背面反射才会起作用。

➢ 使用光子图是否打开：当使用 GI 时使用 Irradiance Map（光子图），这个材质应用仍然使用强力 GI。

➢Trace diffuse & glossy together（漫射和光泽一起跟踪）。当反射折射的光泽度打开时，V-ray 使用许多的光线来跟踪光泽度，同时另外的光线用来计算漫射的颜色。

打开这个选项，强制 V-ray 跟踪光泽度或漫射两种材质成分单独的光线。这种情况下 V-ray 将执行其中某个估算并且挑选一些光线跟踪漫射成分，其余光线跟踪光泽度。

（7）反射插值：这里和光照贴图一样。

（8）折射插值：参数和反射插值一样。

（9）贴图。

➢ 漫反射：这个通道凹槽里控制着材质的漫反射颜色。也可以不使用这个通道凹槽并且使用基本参数栏里的漫反射设置来替代。

➢ 反射：这个纹理贴图在这个通道凹槽里控制着材质的反射颜色倍增器。也可以不使用这个通道凹槽并且使用基本参数栏里的反射设置来替代它。

➢ 高光光泽度：这个纹理贴图在这个通道凹槽里作为有光泽、平滑的反射的一个倍增器。

➢ 反射光泽度：这个纹理贴图在这个通道凹槽里作为有光泽、平滑的反射的一个倍增器。

➢ 菲涅耳 IOR：在这个通道凹槽里作一个菲涅尔 IOR 的倍增器。

➢ 折射：这个纹理贴图在这个通道凹槽里控制着材质的折射颜色倍增器。也可以不使用这个通道凹槽并且使用基本参数栏里的折射设置来替代它。

➢ 光泽度：这个纹理贴图在这个通道凹槽里作为有光泽、平滑的折射的倍增器。

➢ 半透明：这个纹理贴图在这个通道凹槽作为半透明的一个倍增器。

➢ 凹凸：这是凹凸贴图通道凹槽。这凹凸贴图被用来模拟表面的凹凸不平

（roughness 粗糙度）。不用在场景中添加更多的几何体来模拟表面的粗糙感。白色负值下凹，黑色正值上凸，贴图越亮，凹凸越明显，边缘越清晰。

➤ 置换：这是位移贴图通道凹槽。位移贴图被应用到表面造型中所以显得更凹凸不平，相对于凹凸贴图渲染减慢。置换则是把图片的凹凸应用到模型上，让模型本身就产生高低起伏，渲染慢，控制得当更真实。

➤ 不透明度：不透明度贴图的灰度确定不透明度的量，可选择位图文件或程序贴图来生成部分透明的对象。贴图的浅色（较高的值）区域渲染为不透明，深色区域渲染为透明；之间的值渲染为半透明。在使用黑白贴图制作镂空材质的时候，注意添加在不透明通道的贴图大小必须与过渡色通道的贴图大小一致。

➤ 环境：这个纹理贴图在这个通道凹槽作为反射 / 折射环境的一个倍增器。

➤ 自发光：将贴图图像以一种自发光的形式贴在物体表面，图像中纯黑色的区域不会对材质产生任何影响，不纯黑的区域将会根据自身的颜色产生发光效果，发光的地方不受灯光和投影影响。

2. V-ray 包裹材质

V-ray 包裹材质主要用于控制材质的全局光照、焦散和不可见的。也就是说，通过 V-ray 包裹材质可以将标准材质转换为 V-ray 渲染器支持的材质类型。一个材质在场景中过于亮或色溢太多，嵌套这个材质。可以控制产生 / 接受 GI 的数值。多数

用于控制有自发光的材质和饱和度过高的材质。

3. V-ray 灯光材质

是一种自发光的材质，通过设置不同的倍增值可以在场景中产生不同的明暗效果。可以用来做自发光的物件，比如灯带、电视机屏幕、灯箱等。

4. V-ray 双面材质

V-ray 双面材质用于表现两面不一样的材质贴图效果，可以设置其双面相互渗透的透明度。这个材质非常简单易用。

5. V-ray 替代材质

➤ 基本材质：指定被替代的基本材质。全局光材质通过 None 按钮指定一个材质，被指定的材质将替代基本材质参与到全局照明中。

➤ 反射材质：指定一个材质，被指定的材质将作为基本材质的反射对象。

➤ 折射材质：指定一个材质，被指定的材质将作为基本材质的折射对象。

6. V-ray 混合材质

➤ 基本材质：指定被混合的第一种材质。

➤ 镀膜材质：指定混合在一起的其他材质。

➤ 混合数量：设置两种以上两种材质的混合度。当颜色为黑色时，会完全显示基础材质的漫反射颜色；当颜色为白色时，会完全显示镀膜材质的漫反射颜色；也可以利用贴图通道来进行控制。

二、室内常用材质参数

室内效果图常用材质参数见表8-1。

表8-1　室内效果图常用材质参数

名称	漫射	反射	高光光泽度	反射光泽度	细分	折射	折射率	选项	凹凸
乳胶漆	调色	11	0.2	1	25			取消光线跟踪	
墙纸	贴图	30	锁定	0.5				取消光线跟踪	贴图30
木地板	贴图	黑白贴图调暗	0.78	0.85	15				贴图10
木贴面	贴图	49	0.84	0.8	12				贴图
不锈钢	黑色	150	1	0.8	15				
镜面石材	贴图	60	0.9	1	10				
高光油漆	贴图	24	0.67		12			取消跟踪反射	
皮革	贴图	37	0.6	0.75	15			最大深度3	贴图45
镜子	50	200	锁定	0.94	5	0			
透明玻璃	黑	菲涅尔反射255	锁定	1	10	纯白255	1.6	影响阴影	
地毯	贴图							V-ray置换贴图	贴图40
布料	贴图	0	锁定	1	5			取消跟踪反射	贴图50
自发光	1.V-ray材质改为V-ray灯光材质；2.赋予"不透明度"None贴图								
室外环境	1.窗外弧型挤出；2.V-ray材质改为V-ray灯光材质；3.赋予"不透明度"None贴图，调节亮度，使其适合窗外环境								

第三节　V-ray渲染优化技能

一、渲染面板简介

打开渲染器面板,按【F10】调用V-ray插件。

（1）公共参数设定：宽度、高度设定为"1",不勾选"渲染帧"窗口。

（2）帧缓冲区：勾选"启用内置帧缓冲区",不勾选"从Max获分辨率"。

（3）全局开关：设置时对场景中全部对象起作用。

➢ 置换：指置换命令是否使用。

➢ 灯光：指是否使用场景的灯光。

➢ 默认灯光：指场景中默认的两个灯光,使用时必须关闭。

➢ 隐藏灯光：场景中被隐藏的灯光是否使用。

➢ 阴影：指灯光是否产生的阴影。

➢ 全局光：一般使用。

➢ 不渲染最终的图像：指在渲染完成后是否显示最终的结果。

➢ 反射/折射：指场景的材质是否有反射/折射效果。

➢ 最大深度：指反射/折射的次数。

➢ 覆盖材质：用一种材质替换场景所有材质，用于渲染灯光时使用。

➢ 光滑效果：材质显示的最好效果。

（4）图像采样：控制渲染后图像的锯齿效果。

①类型：固定；自适应准蒙特卡洛；自适细分。

②抗锯齿过滤器：Area；Catmull-Rom；Mitchell-Netravali。

（5）间接照明：灯光的间接光线的效果。

①首次反弹：当光线穿过反射或折射表面的时候，会产生首次反弹效果。

②二次反弹：当激活 ON 复选框后，在全局光照计算中就会产生次级反弹。

③全局光引擎（发光贴图）：计算场景中物体漫射表面发光。

➢ 优点：发光贴图的运算速度非常快，噪波效果非常简洁明快，可以重复利用保存的发光贴图，用于其他镜头中。

➢ 缺点：在间接照明过程中会损失一些细节，如果使用了较低的设置，渲染动画效果会有些闪烁，发光贴图会导致内存的额外损耗，使用间接照明运算运动模糊时会产生噪波，影响画质。

④光子贴图：对于存有大量灯光或较少窗户的室内或半封闭场景来说是较好的

选择。如果直接使用，不会产生足够好的效果。

➢ 优点：光子贴图可以速度非常快地产生场景中的灯光的近似值。与发光贴图一样，光子贴图也可以被保存或都被重新调用，特别是在渲染不同视角的图像或动画的过程中可以加快渲染速度。

➢ 缺点：光子贴图一般没有一个直观的效果，需要占用额外的内存，在计算过程中，运动模糊中运动物体的间接照明计算有时不完全正确，光子贴图需要真实的灯光来参与计算，无法对环境光产生间接照明进行计算。

⑤准蒙特卡罗：计算场景中物体模糊反射表面的时候会快一些。

➢ 优点：发光贴图运算速度快，模糊反射效果很好，对于景深和运动模糊的运算效果较快。

➢ 缺点：在计算间接照明时会比较慢，使用了较高的设置，渲染效果会比较慢。

⑥灯光缓冲：是一种近似于场景中全局光照明的渲染，与光子贴图类似，但没有其他的局限性。主要用于室内和室外的渲染计算。

➢ 优点：灯光贴图很容易设置，只需要追踪摄像机可见的光线。灯光类型没有局限性，支持所有类型的灯光，对于细小物体的周边和角落可以产生正确的效果，可以直接快速且平滑地显示场景中灯光的预览效果。

➢ 缺点：仅支持 V-ray 的材质，和光子贴图一样，灯光贴图也不能自适应，发光贴图可以计算用户定交的固定分辨率。不能完全正确计算运动模糊中的运动物体。对凹凸类型支持不够好。如果想使用凹凸效果，可以用发光贴图或直接计算 GI。

（6）发光贴图。

（7）灯光缓冲：

➢ 细分：设置灯光信息的细腻程度。测试细分值为"200"，最终细分1000~2000。

➢ 采样大小：决定灯光贴图中样本的间隔。值越小样本之间相互距离越近。画面细腻。正式出图设为0.01以下。

➢ 比例：用于确定样本尺寸和过滤尺寸。屏幕：适合用于静帧。世界：用于动画。

➢ 进程数量：灯光贴图计算的次数。不是双核CPU使用"1"。

➢ 保存直接光：在光子贴图中同时保存直接光照明的相关信息。

➢ 模式：对灯光进行缓冲。

（8）环境：对于全封闭空间不起作用，须是开放式空间或者受外部环境的影响。

➢ 颜色：指环境光的颜色。不是背景颜色。

➢ 反射：指环境中含有反射效果。会受到环境光的颜色影响。

➢ 折射：指环境中含有折射效果。会受到环境光的颜色影响。

（9）RQMC采样器：控制所有与模糊有关的参数。是对整个品质控制。

➢ 数量：控制杂点和噪波大小。测试0.9，最终0.6。

➢ 噪波：控制与模糊有关的。越大杂点越多测试0.01，最终0.005。

➢ 全局细分：指在渲染过程中会倍增任何地方任何能数的细分值。

➢ 最小采样：确定在早期终止算法被使用之前必须获得最少的样本数量。较高的值会减慢渲染速度。

（10）颜色映射：

➢ 线性倍增：明暗对比强烈，容易曝光。

➢ 指数：明暗对比不强烈。

➢ HSV指数：曝光效果比前面几种更加平淡。如果想得到明暗对比比较明显的、更加鲜艳的效果可以用线性曝光方式，如果想得到不易曝光的话用第二种或者第三种，对于暗处暴光倍增和亮处倍增不建议调得太高。容易明暗对比比较平，通常1.5 ~ 2.5。

➢ 伽玛：对图像进行亮度整体提升。

二、渲染与出图流程

1. 测试阶段

（1）设定渲染测试参数：

➢ 在测试阶段把抗锯齿系数调低，关闭缺省灯和反射/折射。

➢ 勾选GI，将直接光调整为光照贴图模式，最小采样和最大采样为–6、–5。同时，间接光调整为灯光缓存模式降低细分。

（2）布置灯光：

➢ 布光时，从天光开始，然后逐步增加灯光，每次增加一种灯，进行测试渲染观察，当场景中的灯光已调整满意后才添加新的灯光，大体顺序为：天光→阳光→人工装饰光→补光。

➢ 勾选（天光）开关，测试（也可通过辅助灯完成）。

➢ 如环境明暗不理想，可调整天光强度或提高曝光方式中的暗部亮度。

➢ 加入其他装饰灯至满意为止。

（3）设置场景材质贴图，打开反射、折射，调整主要材质。

2. 出图阶段

（1）设置保存光子文件：调整光照贴

图模式的最小采样和最大采样为 –5、–1 或 –5、–2 或更高，灯光缓冲细分值调高，渲染小图保存光子文件。

（2）正式渲染：调高抗锯齿级别，调用光子文件渲染出大图。

思考与练习

➤ 以设定空间为参照，建立室内空间结构模型，要求模型特点鲜明，能够反映内部空间（现场体验整个过程）。

➤ 绘制机房中的主要家具、灯具、门窗等，要求尺度准确、结构完整。重点使用放样工具和三维编辑修改器中的相关命令。

室内设计效果图绘制训练

课题名称： 室内设计效果图绘制训练

课题内容： 简欧客厅日夜景效果图的风格表现

简中客厅效果图绘制流程的综合呈现

课题时间： 16 课时

教学目标： 本章以培养学生室内设计效果实战技能为教学重点，通过大量的案例教学，让学员熟练掌握室内效果图的技巧，希望培养出学生富有想象力和创造力的艺术素养和实践技能。

教学重点： 从 AutoCAD 到 3ds Max 建模，再到 V-ray 灯光、材质和渲染，最后在 Photoshop 中进行后期处理的相关的操作命令，此外还要留意到方案设计、施工工艺、材料应用、软装配饰设计、工程预算等方面的内容。

教学方式： 多媒体课件演示结合上机操作。

第九章　室内设计效果图绘制训练

第一节　简欧客厅日夜景效果图的风格表现

一、简欧风格的分析与表现

1. 简约欧式风格的定义及表现

简约欧式风格从字面上看就是简化的欧式风格。欧式装修风格在不同历史时期有不同的特征，有罗马式、哥特式、文艺复兴式、巴洛克式、洛可可式等不同时期的艺术表现。随着室内设计风格的现代化和传统欧式风格的简化，简约欧式风格通过完美的曲线造型、精益求精的细节处理，从整体到局部、从空间到室内陈设塑造，细节精雕细琢，一方面保留了材质、色彩的大致感受，可以领悟到欧洲传统的历史痕迹与深厚的文化底蕴，另一方面摒弃了过于复杂的肌理和装饰，简化了线条，并将豪华大气、惬意浪漫的气质保留了下来，这样更贴近于自然，也符合现代人的审美趣味。

2. 简约欧式风格的设计要素

简约欧式风格沿袭古典欧式风格的主元素，融入了现代的生活元素，还要具有一定的美学素养。

（1）空间方面：注意室内外空间的流通，采光及层高方面比较出色；以波浪、架廊式的挑板、装饰线等异型为特征，采用飘窗、外挑阳台或内置阳台，立面的层次感较强；从功能出发，讲究比例适度、结构明确美观，体现出时代特征，又富有生活气息。

（2）造型方面：简约欧式风格在古典欧式风格的基础上，以简约的线条代替复杂的花纹，采用更为明快清新的颜色，既保留了古典欧式的典雅与豪华，又更适应现代生活的悠闲与舒适。造型由曲线和非对称线条构成，如花梗、花蕾、葡萄藤及自然界各种优美、波状的形体图案，体现在墙面、栏杆、窗棂和家具等装饰上。整个立体形式与有韵律节奏的曲线融为一体。

（3）材质方面：使用铁制构件,将玻璃、瓷砖、陶艺等材料综合运用于室内。顶、壁、门窗上的装饰线变化丰富，并融入了罗马柱、壁炉、卷草纹和白色木格窗等非常有代表性的欧式元素。石材和木材使用原色，厚窗帘、大幅的油画，墙面的雕花组合和天花、家具、地毯等使整个空间富丽堂皇。墙面处理常常使用白色暗纹墙纸装饰墙面，加了线脚装饰后，会在颜色上改变为较轻盈的单色，让整个空间不那么沉闷。

（4）家具及装饰方面：简欧家具在框架上进行简化，靠背、椅腿、抽屉等位置的雕花比较简单；水晶及铁艺灯具吊灯讲究对称美，在整个室内的设置上风格统一，同时有锦上添花的效果；装饰如绘画、陈设等也进行了简单的修饰，保持了整体的对称美。

二、设置系统参数

执行"自定义"→"单位设置"菜单命定，然后在弹出的"单位设置"对话框中设置"显示单位比例"为"毫米"，接着单击"系统单位设置"按钮，最后在弹出的对话框中设置"系统单位比例"为"毫米"。

在"工具栏"中的"捕捉开关"按钮上单击鼠标右键，然后在弹出的"格栅和捕捉设置"对话框中单击"捕捉"选项卡，

接着勾选"顶点""端点"和"中点"选项，如图 9-1（a）所示。单击"选项"选项卡，然后勾选"捕捉到冻结对象"和"使用轴约束"选项。

三、创建外墙模型

本场景的外墙模型是根据 CAD 图纸中的实际尺寸来创建的，在实际工作中，客户一般都会提供一张建筑 CAD 图纸，然后要求效果图设计师根据图纸中的尺寸来创建模型。

1. **导入 CAD 图纸**

执行"文件"→"导入"菜单命令，然后导入"客厅 CAD 平面图 .dwg"文件，注意单位同样选择"毫米"，并点选"焊接"，以保证各条线连接为一个整体，完成效果如图 9-1（b）。

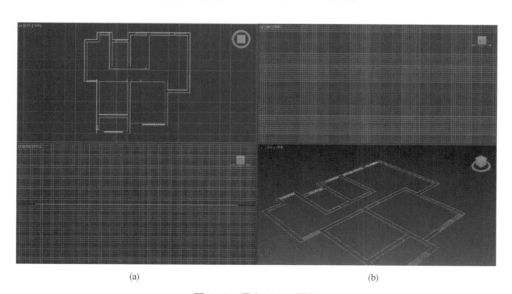

（a）　　　　　　　　　　　　　　　（b）

图 9-1　导入 CAD 图纸

2. **创建外墙模型**

选择所有的模型，然后单击鼠标右键，在弹出的菜单中选择"冻结当前选项"命令。

在"工具栏"中的"捕捉开关"按钮上单击鼠标右键，然后在弹出的"格栅

和捕捉设置"对话框中单击"捕捉"选项卡，接着勾选"顶点"选项，再单击"选项"选项卡，最后勾选"捕捉到冻结对象"选项。

使用"线"工具根据 CAD 图纸在顶视图中描出如图 9-2 所示的样条线。

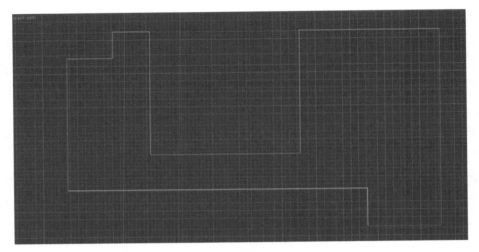

图 9-2　绘制样条线

提示

在绘制样条线时一定要沿着 CAD 的内线框顺时针进行绘制，并且在遇到门窗、墙体转折时一定要断点（也就是右击鼠标），在以后抠门窗、附墙体材质时更加方便快捷。

选择所有绘制好的线，进入"修改"面板，然后在"修改器列表"卷展栏下单击"挤出"修改器，并设置"数量"为"2800mm"，如图 9-3（a）所示，效果图如图 9-3（b）所示。

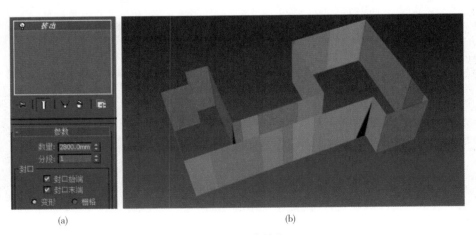

(a)　　　　　　　　　　　　　　(b)

图 9-3　挤出墙体

提示

上面制作墙体的方法是用线制作的单面建模，它的优点是模型的面少，文件较小、方便快捷。另外也可以将导入的 CAD 直接挤出或者在绘制好的样条线上增加一个轮廓为墙体的厚度。

打开捕捉工具，再选择"线"工具沿

着在画好的墙体样条线画一个闭合的图形作为地面，这里一定要注意画出来的图形一定要为闭合的图形否则无法挤出面。为画好的图形添加一个"挤出"命令，数值为"50mm"，这样地面模型已经绘制完成。

与导入"客厅CAD平面"一样，将"客厅CAD天花图"也导入顶视图中，用"线"工具将天花吊顶的模型制作出来。

四、制作室内材质

本场景中物体材质主要包括地面、墙面、皮质沙发、客厅地毯、烤漆面板、玻璃、窗帘等。

1. 地面材质的分析与制作

（1）分析：本场景的地面是由大理石面砖构成的。大理石地面的基本属性主要有两点：带有一定的图案；具有较为强烈的反射与折射。

（2）制作：选择一个空白的材质球，然后设置材质类型为V-rayMtl材质，接着在"漫反射"贴图通道中加载一张大理石贴图，如图9-4所示。

图9-4　大理石材质制作

在"反射"贴图通道加载一张"衰减"程序贴图，然后设置"衰减类型"为Fresnel，接着设置"反射光泽度"为"0.95"，具体参数如图9-5（a）、（b）上图所示，制作好的材质球效果如图9-5（b）下图所示。

将调好的材质球赋予给地面，然后在修改器列表中给地面添加一个"UVW贴图"命令，然后在调整参数：贴图类型为平面，长度、宽度都是1200mm。

2. 墙面材质的分析与制作

（1）分析：本场景的墙面是由乳胶漆和墙纸构成。墙面材质的基本属性主要有两点：带有颜色花纹；具有一定的凹凸效果。

（2）制作白色乳胶漆：选择一个空白材质球，然后设置材质球为V-rayMtl材质，先调整"漫反射"颜色，再调整"反射"颜色，参数如图9-6（a）所示，最后取消"选项"中的"跟踪反射"选项，如图9-6（b）所示。

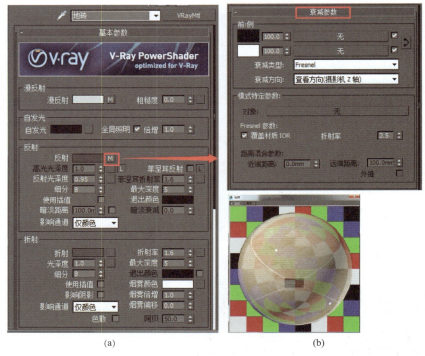

图 9-5　反射光泽度

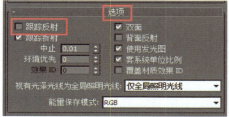
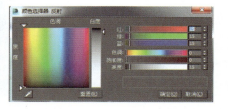

(b)

图 9-6　"跟踪反射"选项

（3）制作墙纸：选择一个空白的材质球，然后设置材质类型为 V-rayMtl 材质，接着在"漫反射"贴图通道中加载一张墙纸贴图。

接着在"贴图"的中将"漫反射"的贴图复制在"凹凸"上，并调整参数为"20"，最终材质球的效果如图 9-7（b）所示。

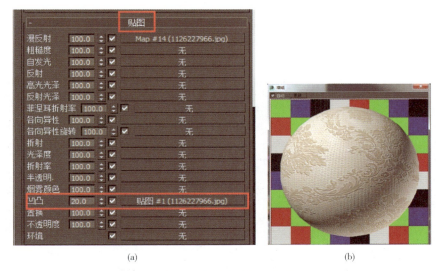

(a)　　　　　　　　　　　　　　(b)

图 9-7　最终材质球效果图

将调整好的材质球附给墙面，添加一个"UVW 贴图"命令，使墙纸效果更加真实。

3. 皮质沙发的分析与制作

（1）分析：本场景的沙发材质是由皮革构成的。沙发材质的基本属性主要有三点：带有贴图纹理；带有凹凸纹理；带有一定的反光。

（2）制作：选择一个空白的材质球，然后设置材质类型为 V-rayMtl 材质，接着在"漫反射"贴图通道中加载一张墙纸贴图，"反射"RGB 颜色调整参数为"150，150，150"，"反光光泽度"值为"0.7"，"细分"值为"18"，勾选"菲涅耳反射"，参数调整及效果如图 9-8 所示。

图 9-8　皮革参数调整及效果

接着在"贴图"中将"漫反射"的图复制到"凹凸"上，并调整参数为"60"。

4. 地毯材质的分析与制作

（1）分析：本场景的地毯是由布材料构成的。地毯材质的基本属性主要有以下两点：毛绒非常柔软无光泽；凹凸感非常强。

（2）制作：选择一个空白的材质球，然后设置材质类型为 V-ray 材质包裹器，接着在"基本材质"中添加一个"地毯 V-rayMtl"，在"地毯 V-rayMtl"中给"漫反射"贴图通道中加载一张毛毯贴图，具体参数调整如图 9-9 所示。

图 9-9　V-ray 材质包裹器

接着在"地毯 V-rayMtl"的"贴图"中将"漫反射"的贴图复制在"置换"上，并调整参数为"6"。

5. 烤漆面板材质的分析与制作

（1）分析：本场景的一些面板是由烤漆材质构成的。烤漆面板的基本属性主要有以下两点：带有很强烈的折射；带有很强烈的反射。

（2）制作：选择一个空白材质球，然后设置材质球为 V-rayMtl 材质，先调整"漫反射"的 RGB 颜色为"247，245，241"；再调整"反射"RGB 颜色，参数为"255，255，255"；再调整反射参数：反射光泽度为"0.9"，勾选"菲涅耳反射"；接着为"漫反射"添加一个"衰减"命令，然后调整"减参数"，将"前·侧"颜色都调成白色，参数都为"100"；"衰减类型"为"垂直/平行"，"衰减方向"为"查看方向（摄像机 z 轴）"。

6. 玻璃材质的制作

选择一个空白材质球，然后设置材质球类型为"V-rayMtl 材质"，接着设置"漫反射"的 RGB 颜色值为"255，255，255"，"反射"RGB 颜色值为"59，59，59"，"折射"RGB 颜色值为"240，240，240"，最后勾选"影响阴影"和"影响"Alpha"选项。

7. 窗纱材质的分析与制作

（1）分析：本场景的一些窗帘是由窗纱材质构成的。窗纱材质的基本属性主要有两点：具有布料的质感；具有一定的通透感。

（2）制作：选择一个空白材质球，然后设置材质球为"V-rayMtl 材质"，先调整"漫反射"RGB 颜色值为"255，255，255"；再调整"反射"的 RGB 颜色值为"255，255，255"，如图 10-21 所示。再调整反射参数：最大深度为"3"；接着调整"折射"

的 RGB 颜色值为："240，240，240"，调整"光泽度"为"0.75"，"折射率"为"1.5"，"烟雾颜色"为白色，"烟雾倍增"为"0.01"，并为"折射"添加一个"衰减"命令，然后调整参数，"前"RGB 颜色的参数为"200，200，200"，"侧"颜色为黑色；"衰减类型"为"垂直 / 平行"，"衰减方向"为"查看方向（摄像机 z 轴）"，最后去掉"选项"中的"跟踪反射"。

五、设置灯光与渲染参数

1. 设置测试渲染参数

按【F10】键打开"渲染器设置"对话框，然后在"指定渲染器"卷展栏下设置渲染器为"V-ray 渲染器"，如图 9-10 所示。

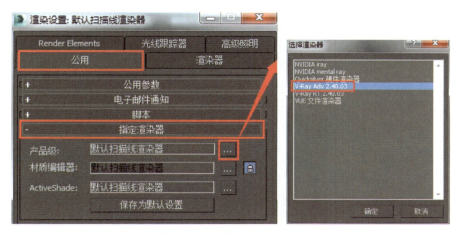

图 9-10 设置 V-ray 渲染器

展开"公用参数"卷展栏，然后设置"宽度"为"400"像素，"高度"为"250"像素。

展开"图像采样器（抗锯齿）"卷展栏，然后设置"图像采样器"类型为"自适应 DMC"，接着在"抗锯齿过滤器"选项按钮下勾选"开"选项，最后设置"抗锯齿过滤器"类型为"区域"。

展开"色彩映射"卷展栏，然后设置"类型"为"线性倍增"，"暗部倍增值"为"1.3"，"伽玛值"为"1.1"，接着勾选"子像素映射"选项。

展开"系统"卷展栏，然后设置"最大树形深度"为"60"，"面 / 级别系数"为"2"，接着设置"区域排序"为"上 / 下"方式，最后在"V-ray 日志"选项组下关闭"显示窗口"选项。

2. 开启 GI 渲染测试

展开"间接照明（GI）"卷展栏，然后勾选"开"选项，接着设置"首次反弹"为"发光贴图"，"二次反弹"为"灯光缓冲"。

展开"发光贴图"卷展栏，然后设置"当前预置"为"非常低"，接着在"基本参数"选项组下设置"半球细分"为"50"，"插补采样值"为"20"，最后勾选"显示计算机相位"和"显示直接光"选项。

展开"灯光缓冲"卷展栏，然后设置"细分"为"200"，接着关闭"保存直接光照"选项。

3. 窗户外景的设定

在顶视图建立一个弧形面作为外景模型，效果如图 9-11 所示。

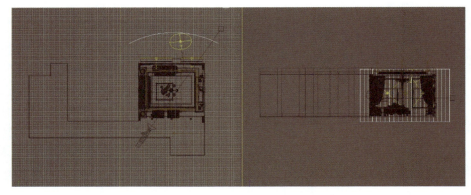

图 9-11　外景的设定

将外景模型设置为"VR 灯光材质"，设置"颜色"的 RGB 参数为"200，225，255"，强度设置为"1.5"，然后在颜色通道中添加一张外景贴图，勾选"背面发光"选项。

4. 白天灯光设置

（1）创建主光源（阳光）：设置"灯光"类型为 V-ray，然后在场景中创建一个"V-ray 阳光"作为主光源，调整好"V-ray 阳光"的位置。

展开"V-ray 阳光"参数卷展栏，然后设置"浊度"为"3"，"强度倍增值"为"0.05"，"大小倍增值"为"5"，"阴影细分"为"8"。

注："V-ray 阳光"打进室内的冷暖颜色可以通过调整"V-ray 太阳参数"中的过滤颜色来实现，从而达到白天不同时段的太阳光，使场景更加接近真实。

（2）创建辅助光源：设置"灯光"类型为 V-ray，然后在场景中创建几盏"V-ray 灯光"作为辅助光源，其位置如图 9-12 所示。

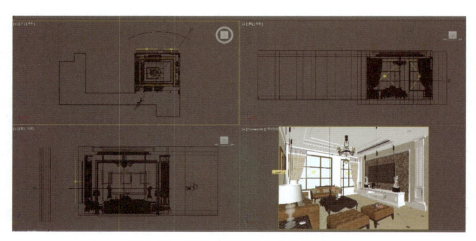

图 9-12　创建"VR 灯光"作为辅助光源

注：辅助光源对场景主要是辅助作用，所以首先不宜太多，其次倍增强度也不宜太大，不同场景的时段、环境与关系也会导致辅助光源的不同。由于本场景为白天，光照较为充足，所以辅助光源主要集中在窗口，目的是突出场景的层次，尤其是吊顶。

展开"参数"卷展栏，然后设置"类型"为"平面"，接着设置"颜色"的 RGB 参数为"130，150，255"，"倍增器"为"6"，再勾选"不可见"选项，去掉"影响反射"，设置"细分"为"16"。

（3）创建射灯：设置"灯光"类型为"光度学"，然后在场景中创建几盏"目标灯光"作为射灯。

展开"常规参数"卷展栏，在"阴影"选项组下勾选"启用"选项，并关闭"目标"选项，然后设置阴影类型为"V-ray 阴影"，接着设置"灯光分布（类型）"为"光度学 Web"类型，最后在通道中加载一个已经下载好的"19.ies"文件。

展开"强度 / 颜色 / 衰减"卷展栏，然后设置"过滤颜色"的 RGB 参数为"130，150，255"，"开尔文"为"3600"，接着展开"V-ray 阴影参数"卷展栏，最后设置"U""V"和"W"为"10mm"，具体参数设置如图 9-13 所示。

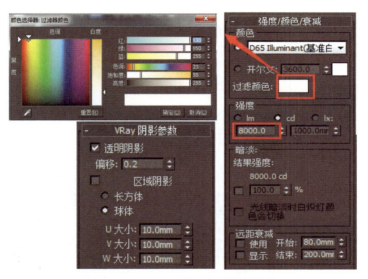

图 9-13　V-ray 阴影参数参数设置

经过反复地调整与测试渲染，完成最终测试渲染。

5. 夜晚灯光设置

（1）创建主光源：在场景中创建一盏 V-ray 的"平面"灯光，然后"实例复制"出其余 3 盏灯放置到相应的位置，作为本场景灯带的灯光，同时也是本场景的主光源，位置如图 9-14 所示。

注：复制时要注意"克隆选项"，"对象"选择"实例"，这样在之后的调整过程中会更加的方便，"实例复制"的好处就是在调整多个对象的参数时你只需要调整其中的任何一个就可以对其他"实例复制"出来的对象进行同时调整。

选择一盏"平面"灯光，设置"倍增器"强度为"6.0"，将"颜色"的 RGB 数值设置为"255，210，150"，勾选"不可见"选项，调整"细分"为"15"。

按【F9】键测试渲染场景，完成最终渲染效果。

从测试的结果来看，灯带的颜色与亮度还是比较合适的，但是空间的整体偏暗，接下来需要对场景中的其他灯光进行调试设置。

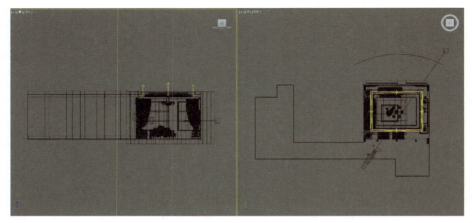

图 9-14　光源位置

（2）创建筒灯：设置"灯光"类型为"光度学"，然后在场景中创建几盏"目标灯光"作为筒灯。

展开"常规参数"卷展栏，在"阴影"选项组下勾选"启用"选项，并关闭"目标"选项，然后设置阴影类型为 V-ray 阴影，接着设置"灯光分布（类型）"为"光度学 Web"类型，最后在通道中加载一个已经下载好的"19.ies"文件。

展开"强度 / 颜色 / 衰减"卷展栏，然后设置"过滤颜色"参数为"130，150，255"，"开尔文"为"3000"，接着展开"V-ray 阴影参数"卷展栏，最后设置"u""v"和"w"为"10mm"，具体参数设置如图 9-15 所示。

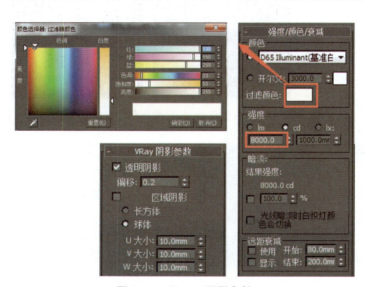

图 9-15　V-ray 阴影参数

按【F9】键测试渲染场景。观察测试后的效果，灯光的气氛比较满意了，但是层次不够强，下面继续对场景的其他灯光进行布置，增强室内的效果与气氛。

（3）创建台灯：选择一盏"球体"灯光，设置灯光的"颜色"的 RGB 参数为"255，150，80"，设置"倍增器"强度为"6"，勾选"不可见"选项，调整"细分"为"15"。

按【F9】键对场景进行测试渲染，通过测试的效果来看，亮度和气氛都比较理想，接下来设置吊顶的灯光。

（4）创建吊灯：吊灯的设置方法与台灯一样，创建几盏"球体"灯光，设置灯光的"颜色"的 RGB 参数为："255，220，140"，设置"倍增器"强度为"7"，勾选"不可见"选项，调整"细分"为"15"，按【F9】键对场景进行测试渲染。

从现在渲染的效果来看，整体气氛都达到了理想的效果，但是场景深处缺乏灯光，显得画面过堵，接下来对场景的辅助光源进行设置，出于冷暖对比的考虑，将场景深处的辅助光源设置为冷色。

（5）创建辅助灯光：在场景中创建两盏 V-ray 的"平面"灯光，位置和具体参数如图 9-16 所示。

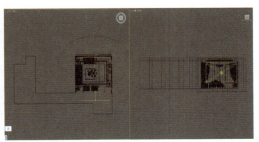
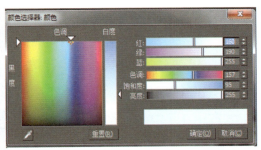

图 9-16 "平面"灯光位置和参数

注：这两盏辅助光源的"倍增器"值的大小不同，室内的辅助光源主要是反映出客厅以外的空间的，倍增值较大些在"0.6"左右；窗户的辅助光源主要是为了反映出夜景的延伸，使场景更加真实，但是由于它是夜景通过窗户的照射，所以它的倍增值应小于室内的辅助光源，大概在"0.25 ~ 0.3"之间。按【F9】键对场景进行测试渲染。从这一次的测试渲染效果来看，灯光气氛及冷暖对比都比较理想了，接下来设置一个较高的参数来渲染大图。

6. 设置最终渲染参数

按【F10】键打开"渲染设置"对话框，然后展开"公共参数"卷展栏，接着设置"宽度"为"2000"，"高度"为"1414"。

展开"图像采样器（抗锯齿）"卷展栏，然后设置"图像采样器"类型为"自适应DMC"，接着在"抗锯齿过滤器"选项按钮下勾选"开"选项,并设置"抗锯齿过滤器"类型为"Mitchell-Netravali"类型;展开"自适应 DNC 采样器"卷展栏,然后设置"最小细分"为"1","最大细分"为"4"。

展开"间接照明(GI)"卷展栏,然后勾选"开"选项,接着设置"首次反弹"为"发光贴图","二次反弹"为"灯光缓冲"。

展开"发光贴图"卷展栏,然后设置"当前预置"为"中",接着在"基本参数"选项组下设置"半球细分"为"60","插补采样值"为"30",最后勾选"显示计算机相位"和"显示直接光"选项。

展开"灯光缓冲"卷展栏,然后设置"细分"为"1000",接着关闭"保存直接光照"选项,最后勾选"显示计算机状态"选项。

单击"设置"选项卡,然后设置 V-rayDMC 采样器中的"噪波阈值"为"0.002";接着设置 V-ray 系统的"动态内存限制"为"4000","区域排序"为上→下;去掉"V-ary 日志"中的"显示窗口。

按【F9】键分别渲染白天与夜晚的场景,最终渲染效果附录 2 所示。

7. 后期处理

白天效果后期处理:使用 Photoshop 打开渲染完成的图像。

将背景图层复制一份,然后调整新图层的混合模式为"滤色",设置新图层的"不透明度"为"30%"。

将背景图层再次复制一份,然后调整新图层的混合模式为"柔光",并将新图层的"不透明度"设置为"40%"。

执行"图像"→"调整"→"照片滤镜"菜单命令,在弹出的"照片滤镜"对话框内设置"滤镜"为"加温滤镜参数为 81","浓度"为"8%"。

调节后就完成了白天场景的后期处理工作。最终效果请参见附录中的示例附图 5。

用同样方法将渲好的夜景效果图放到 Photoshop 调节,最终效果请参见附录 2 中附图 6。

第二节　简中客厅效果图绘制流程的综合呈现

一、问题分析和效果预期

1. 快速表现制作思路

(1)材质阶段:最好在创建模型时就赋予相应的材质,并且调整好 UVW、Wap 贴图坐标。这样做的目的是为了提高赋材质的效率,同时避免未赋材质的模型在空间出现。一开始赋材质时,可以大体地设置以下相应的 V-ray 材质参数,最后在测试时如对某个材质不满意,再做相应调整。

(2)渲染阶段:首先是灯光的定义,只需要按照实际灯光、灯槽的位置和类型进行布置,并调整灯光的参数以及对空间进行测试,测试渲染中,修改不满意的材质以及灯光的参数,最后渲染输出。

(3)后期阶段:调节图像的原则是先

整体后局部，再以局部到整体的步骤操作。主要调节图像的色阶、亮度、对比度、饱和度以及色彩平衡等，修改渲染中留下的瑕疵，最终完成作品。

2. 提速要点分析

（1）布置灯光时，先从主光源布起，对第一面光测试渲染差不多后，再布置其他光源进行测试。

（2）在后期阶段，调节图像的原则是先整体后局部，再以局部到整体的顺序进行，这样可以更好地把握全局，更有针对性。

二、绘制流程的快速操作

1. 用两分钟完成摄像机的创建

单击 [图标] 面板 V-ray 选项选择 [VR_物理像机]。

切换到顶视图中，来创建中式客厅摄像机。按住鼠标左键，在顶视图中创建一个摄像机，具体位置如图 9-17（a）所示。切换到左视图中，调整摄像机的位置，在修改器列表中设置摄像机的参数，具体设置如图 9-17（b）所示。

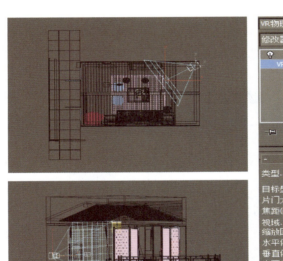
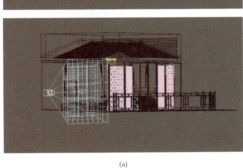
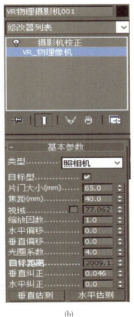

(a)　　　　　　　(b)

图 9-17　摄像机的具体位置和参数

2. 用 20 分钟完成场景基础材质设置

中式客厅中的基础材质有顶面、地面、墙面木质隔断等材质，下面将说明他们的具体设置方法

（1）顶面材质的设置及制作思路：在设置材质之前，首先要将默认的标准材质球转换为 V-ray 材质球。按快捷键【M】打开材质编辑器，选择一个未使用的材质球，单击"材质编辑器"中的 [Standard] 按钮，在弹出的"材质\贴图浏览器"中选择类型为 [VRayMtl]（V-ray 材质）。

首先分析一下顶面的物理属性，然后依据其物理特征来调节顶面材质的各项参数。有木质纹理；有一定反射；表面有凹凸质感。

① 设置颜色的 RGB 数值为"128,

128，128"，反射通道里颜色的 RGB 数值为"62，62，62"，设定反射光泽度为"0.85"，细分值为"24"。通道里的细分数值为"8"。

②在材质编辑器中新建一个 VRayMtl（V-ray 材质），在（漫反射）通道中添加一张贴图，设置高光光泽度为"0.7"，反射光泽度为"0.85"，细分为"24"。在反射通道中添加一张反射贴图。

③参数设置完成。

（2）顶面灯槽的设置及制作思路：下面分析一下灯槽的基础材质物理属性：表面肌理光滑；没有反射；高光相对较小。然后依据其物理特征来调节灯槽材质的各项参数。

在"材质编辑器"中新建一个 VRayMtl（V-ray 材质），在漫反射通道里设置颜色的 RGB 数值为"255，255，255"反射通道里颜色的 RGB 数值为"0，0，0"设定反射光泽度为"1"，细分值为"24"。

（3）墙面壁纸材质的设置及制作思路：再分析一下壁纸材质物理属性：表面肌理粗糙；没有反射；有柔光特性。然后依据其物理特征来调节壁纸材质的各项参数。

在材质编辑器中新建一个 VRayMtl（V-ray 材质），在漫反射通道里添加一张贴图，设置贴图页面中凹凸通道中的数值为"30"。设置壁纸"颜色"的 RGB 数值为"128，128，128"，反射通道里"颜色"的 RGB 数值为"0,0,0"设定"反射光泽度"为"1"，"细分值"为"8"。折射通道里的"细分"数值为"24"。

（4）分隔木条材质的设置及制作思路：接下来分析一下分隔条的物理属性：表面光滑；有一定光泽度。然后依据其物理特征来调节壁纸材质的各项参数。

在"材质编辑器"中新建一个 VRayMtl（V-ray 材质），在漫反射通道里添加一张贴图，设置 RGB 颜色数值为"20，20，20"，反射通道里"颜色"的 RGB 数值为"30，30，30"，设定"反射光泽度"为"0.8"，细分值为"20"。折射通道里的"细分"数值为"24"。

提示

"光泽度"与"细分"是两个非常重要的参数。"光泽度"最大值为1，最小值为 0。光泽度越大，物体的反射模糊感就越弱，反之亦然。"细分"值默认为 8，细分值越高，模糊反射的颗粒感越小越细腻。细分值高可以减少图像的噪点，从而提高渲染质量。

（5）地板材质的设置及制作思路：接下来分析一下"地板"材质的物理属性：反射较小；反射光泽模糊较大。然后依据其物理特征来调节地板材质的各项参数。

在设置材质之前，首先要将默认的标准材质球转换为 V-ray 材质球。按快捷键【M】打开"材质编辑器"，选择一个未使用的材质球，单击"材质编辑器"中的 Standard 按钮，在弹出的"材质\贴图浏览器"中选择类型为 Multi/Sub-Object，在"多维"→"子对象基本参数"页面中设置 ID 数量为"2"。

接下来设置子材质。点击第一个子材质通道，在"材质编辑器"中新建一个 VRayMtl（V-ray 材质），在漫反射通道里设置"颜色"的 RGB 数值为"128，128，128"，反射通道里"颜色"的 RGB 数值为"50，50，50"，设定"反射光泽度"为"0.97"，"高光光泽度"为"0.92"，"细分"值为"15"。在反射通道中添加一张衰减的贴图。

在"修改器"中添加"UVW Mapping（UVW 贴图）修改"命令，展开"Parameters（参数）设置"面板，设置 Mapping（贴图）的展开方式为 Box（长方体）类型，并设置大小。

在"材质编辑器"的"Maps（贴图）"卷栏中，设置 Bump（凹凸）贴图，将 Diffuse（漫反射）通道中的贴图以实例形式复制到 Bump（贴图）中，Bump（凹凸）贴图数值设置为"5"。

第二个子材质设置参数除贴图不同以外，其他都相同，这里不一一介绍。

（6）地面墙角材质的设置及制作思路：接下来分析一下"地板"材质的物理属性：反射较小；反射光泽模糊较大。然后依据其物理特征来调节地板材质的各项参数。

在"材质编辑器"中新建一个 VRayMtl （V-ray 材质），在漫反射通道里设置"颜色"的 RGB 数值为"128，128，128"，反射通道"颜色"的 RGB 数值为"25，25，25"设定反射光泽度为"0.95"，高光光泽度为"0.9"，细分值为"8"。

3. 用 10 分钟完成空间家具材质设置

沙发材质的设置及制作思路：设置"沙发"材质，其材质包括：沙发腿、靠垫、坐垫，下面讲解"沙发"材质的做法。首先分析一下"沙发坐垫"的物理属性：本身为布料材质；反射较小。并依据物体的物理特征来调节材质的各项参数。

①按快捷键【M】打开"材质编辑器"，选择一个未使用的材质球，单击"材质编辑器"选择一个未使用的材质球，设置高光颜色 RGB 为"230，230，230"，设置漫反射颜色 RGB 为"248，235，163"。

②在漫反射通道中添加一张位图贴图，并以实列的形式复制到凹凸贴图通道中，并把其数值改为 30。勾选"自发光"选项，在"自发光"通道中添加一张贴图，数值如图 9-18。

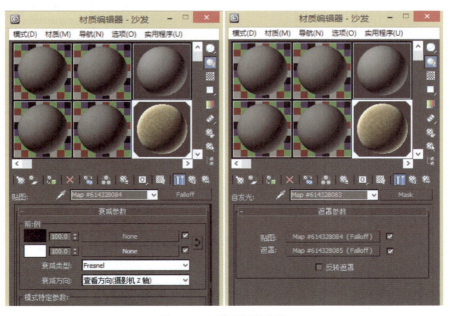

图 9-18 自发光通道参数

4．用15分钟完成空间家具材质设置

（1）沙发材质的设置及制作思路：设置"沙发"材质，其材质包括：沙发腿、靠垫、坐垫，下面讲解"沙发"材质的做法。

①首先分析一下"沙发坐垫"的物理属性：本身为布料材质；反射较小。并依据物体的物理特征来调节材质的各项参数。

按快捷键【M】打开"材质编辑器"，

选择一个未使用的材质球，设置高光颜色RGB值为"230，230，230"，设置漫反射颜色RGB值为"248，235，163"。在漫反射通道中添加一张位图贴图，并以实例的形式复制到凹凸贴图通道中，并把其数值改为"30"。勾选"自发光"选项，在"自发光"通道中添加一张贴图，数值如图 9-19 所示。

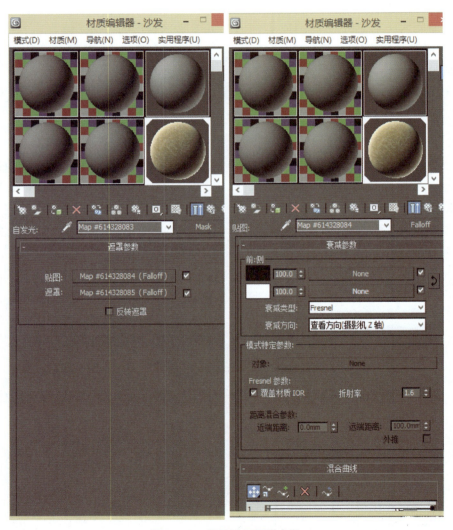

图 9-19　凹凸贴图通道参数

②"沙发腿"材质物理属性和墙面木材质一致，这里不再介绍。

③下面介绍沙发靠垫的制作方法。

首先分析一下"沙发靠垫"的物理属性：本身为布料材质；反射较小。并依据物体的物理特征来调节材质的各项参数。

按快捷键【M】打开"材质编辑器"，选择一个未使用的材质球，在漫反射通道里设置"颜色"的 RGB 数值为"128，128，128"，反射通道"颜色"的 RGB 数值为"0，0，0"。在漫反射通道中添加一张位图贴图，并以实例的形式复制到凹凸贴图通道中，并把其数值改为"60"。参数设置和材质球如图 9-20 所示。

图 9-20 沙发靠垫参数设置和材质球

（2）V-ray 毛发地毯材质的设置及制作思路：首先分析一下"毛发地毯"的物理属性：表面肌理粗糙；没有反射。并依据物体的物理特征来调节材质的各项参数。

在"材质编辑器"中新建一个 VRayMtl （V-ray 材质），在漫反射通道里添加一张贴图，设置漫反射颜色的 RGB 数值为"128，128，128"，反射通道里颜色为"0，0，0"

设定"反射光泽度"为"1"，"细分"值为"8"。折射通道里的"细分"数值为"24"。

在漫反射通道中添加一张位图贴图，并以实例的形式复制到凹凸贴图通道中。打开"修改器"面板，选择 VRayDisplacementMo，展开"Parameters（参数）设置"面板，设置参数类型并设置大小，如图 9-21 所示。

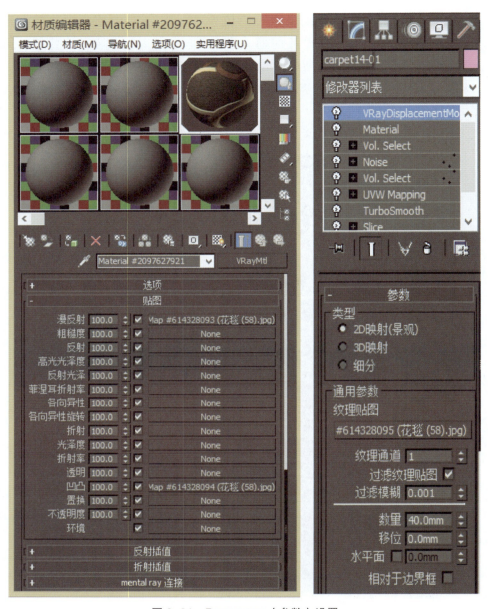

图 9-21　Parameters（参数）设置

（3）扶手椅材质的设置及制作思路：分析一下"扶手椅"的物理属性：表面很光滑；有一定反射。并依据物体的物理特征来调节材质的各项参数。

按快捷键【M】打开"材质编辑器"，选择一个未使用的材质球，在"材质编辑器"中新建一个 VRayMtl （V-ray 材质），在漫反射通道里添加一张贴图，设置漫反射颜

色 RGB 值为"128，128，128"设置反射颜色 RGB 为"62，62，62"。

在"材质编辑器"的"Maps（贴图）"卷栏中，设置"Bump（凹凸）贴图"，贴图数值设置为"10"。勾选"反射"选项，为其添加一张衰减贴图，参数如图 9-22 所示。

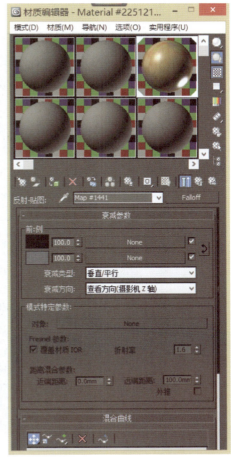

图 9-22　（凹凸）贴图参数

（4）画框材质的设置及制作思路：首先分析一下"画框"的物理属性：表面很光滑；高光相对较大。并依据物体的物理特征来调节材质的各项参数。按快捷键【M】打开材质编辑器，选择一个未使用的材质球，设置漫反射颜色 RGB 值为"128，128，128"，设置反射颜色 RGB 值为"183，183，183"，反射细分值为"15"，具体参数如图 9-23 所示。

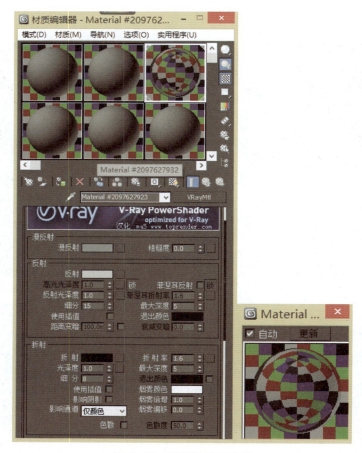

图 9-23　画框材质的设置

（5）茶几材质的设置及制作思路：首先分析一下"茶几"的物理属性：表面肌理光滑；有一定的光泽度模糊值。并依据物体的物理特征来调节材质的各项参数。

按快捷键【M】打开"材质编辑器"，选择一个未使用的材质球，单击"材质编辑器"中的 Standard 按钮，在弹出的"材质\贴图浏览器"中选择类型为 VR_蒙盖材质 ，首先设置基本材质。

在漫反射通道中添加一张贴图，设置漫反射颜色 RGB 值为"128，128，128"，设置反射颜色 RGB 值为"30，30，30"，反射细分值为"15"，高光光泽度为"0.8"，"反射光泽度"为"0.9"，具体参数如图 9-24 所示。设置全局光材质。设置漫反射颜色

RGB 值为"255，255，255"设置反射颜色 RGB 值为"0，0，0"。

（6）圆凳材质的设置及制作思路：分析一下"圆凳"的物理属性：表面肌理光滑；有反射，并依据物体的物理特征来调节材质的各项参数。

按快捷键【M】打开"材质编辑器"，选择一个未使用的材质球，单击"材质编辑器"中的 Standard 按钮，在弹出的"材质/贴图浏览器"中选择类型为 VRayMtl （V-ray 材质），在漫反射通道中添加一张贴图，设置漫反射颜色 RGB 值为"128，128，128"，设置反射颜色 RGB 值为"25，25，25"，"反射光泽度"为"0.95"，"细分"值为"24"。

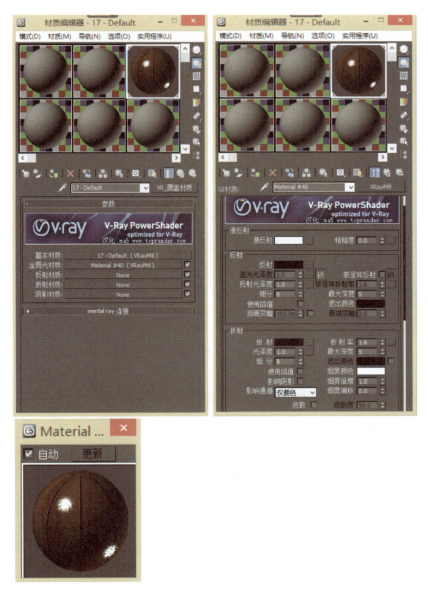

图 9-24　茶几材质的设置参数

5. **用 20 分钟完成灯光创建与测试渲染**

材质设置完成以后，接下来讲如何为场景创建灯光，以及 V-ray 参数面板中的各项设置，本场景主要表现的光源来源于筒灯光域网和灯带所发出的光。在渲图之前，要将 V-ray 面板中的参数设置低一点，从而提高测试渲染的速度。

（1）用两分钟完成测试渲染参数的设置：

①在公用设置栏中，设置测试渲染图像的大小，把测试图像大小设置为 640 像素 *480 像素，这样不仅可以观察到渲染的大体效果，还可以提高测试速度。

②将全局开关中的"缺省灯光"关掉，并调整"图像采样器"中的参数。如图 9-25 所示。

③进入"间接照明"面板，并调整"灯光缓存"中的参数如图 9-26 所示。

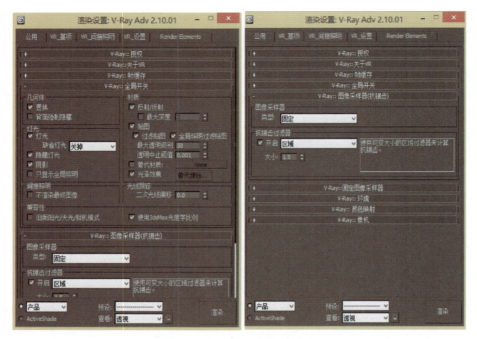

图 9-25　灯光测试渲染参数

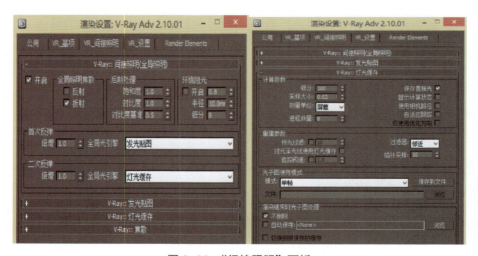

图 9-26　"间接照明"面板

（2）用 3 分钟完成 V-ray 灯光顶面下灯带的创建：

在"顶面"处创建 V-ray Light（V-ray 灯光），单击"创建"面板中的 █ 图标和 V-ray 类型中的 █ 钮，将灯光类型设置为"Plane（面光源）"，调整大小如图 9-27（b）所示，将灯光的颜色模式类型设置为 Color(颜色)，设置灯光的 RGB 颜色值为"248，190，138"，"色温"设置为"6500"，"倍增器"值设置为"2.0"，在选项设置面板中勾选"不可见"选项，为了让物体显现阴影，勾选"投射阴影"选项。其他参数如图 9-27（a）所示。注意灯光向上并略微倾斜。

(b)

(a)

图 9-27　灯带参数设置

（3）用 3 分钟完成 V-ray 灯光室外夜景下光线的创建：

在"顶面"处创建 V-ray Light（V-ray 灯光），单击"创建"面板中的 图标和 V-ray 类型中的 VR_光源 （V-ray 灯光）按钮，将灯光类型设置为"Plane（面光源）"，调整大小如图 9-28（b）所示，将灯光的颜色模式类型设置为 Color(颜色），设置灯光的 RGB 颜色为"75，160，255"，"色温"设置为"6500"，"倍增器"值设置为"8.0"，在选项设置面板中勾选"不可见"选项，为了让物体显现阴影，勾选"投射阴影"选项。其他参数及创建完成后的灯光如图 9-28（a）所示。

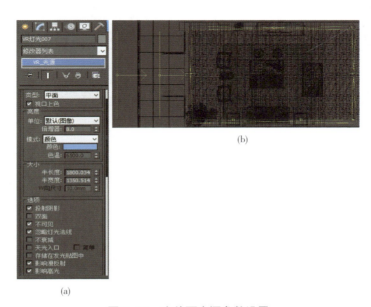

(a)

(b)

图 9-28　室外面光源参数设置

（4）用 3 分钟完成顶面筒灯 V-ray 灯光的创建：

在"顶面"处创建 V-ray Light（V-ray 灯光），单击"创建"面板中的 ◀ 图标和 标准 "标准类型"中的 泛光灯 "泛光灯"按钮，将灯光类型设置为"泛光灯"，设置灯光的 RGB 颜色值为"245，209，146"，"倍增器"值设置为"2.3"，在阴影选项卡中勾选"启用"，并设置"阴影类型"为 VRayShadow ，在远距衰减中，勾选"使用"和"显示"选项，设置"使用"数值为"80.0mm"，设置"显示"数值为"1000.0mm"，其他参数及创建完成后的灯光如图 9-29 所示。

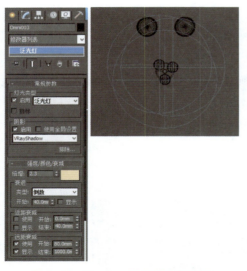

图 9-29　V-ray　泛光灯参数设置

（5）用 3 分钟完成 V-ray 灯光室内茶几顶面灯光的创建：在"顶面"处创建 V-ray Light（V-ray 灯光），单击"创建"面板中的 ◀ 图标和 V-ray 类型中的 VR_光源 "V-ray 光源"按钮，将"灯光类型"设置为 Plane（面光源），将灯光的"颜色"模式类型设置为 Color(颜色)，设置灯光 RGB 颜色值为"230，242，255"，"色温"设置为"6500"，"倍增器"值设置为"4.0"，在"选项"设置面板

中勾选"不可见"选项，为了让物体显现阴影，勾选"投射阴影"选项。

（6）用 3 分钟完成墙面 V-ray IES 光域网的创建：

在"顶面"处创建 V-ray IES（V-ray IES 灯光），单击"创建"面板中的 ◀ 图标和 V-ray 类型中的 VR_IES "V-ray IES 灯光"按钮，将灯光的"色彩模式"类型设置为 Color(颜色)，设置灯光 RGB 颜色值为"255，180，114"，"功率"设置为"2500"。参数设置如图 9-30 所示。

图 9-30　光域网设置

到这里，空间所有灯光就已经全部创建完成，在相机视图中按快捷键【F9】对相机角度进行渲染测试。根据效果进行相应的调整。

6. **用 5 分钟完成最终场景渲染参数**

场景测试完后，即可以正式渲染成品图了，以下是成品图的参数设置。

（1）发光贴图与灯光缓存的计算：按

快捷键【F10】打开"渲染"对话框，进入VR_基项面板，在V-Ray::全局开关卷展栏中设置全局光参数，如图9-31所示。

在V-Ray::灯光缓存卷展栏中设置"灯光缓存"渲染参数的细分值为"1000"，其他设置如图9-33所示。

图9-31　全局光参数设置

在V-Ray::图像采样器(抗锯齿)卷展栏中，设置"图像采样器"类型为"自适应DMC"类型，抗锯齿类型为"V-raylanczos过滤器"。

进入"间接照明"面板,在V-Ray::发光贴图卷展栏中设置"发光贴图"渲染参数，设置"当前预置"为"中",其他设置如图9-32所示。

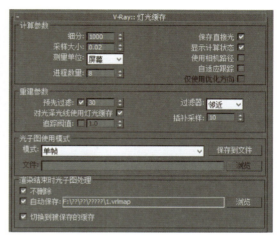

图9-33　灯光缓存设置

（2）成图渲染参数设置：进入"公用"面板设置成品图渲染图像分辨率和渲染输出文件路径，一般渲染输出文件是以TGA格式为主，参数如图9-34所示。

图9-32　发光贴图设置

图9-34　渲染图像分辨率和渲染输出设置参数

勾选 V-Ray::全局开关 面板中的"不渲染最终图像"选项，完成场景的最终渲染。

7. 用 3 分钟完成色彩通道的制作

后期制作的目的就是为了弥补渲染出现的瑕疵，以及图像整体的色彩倾向、亮度和对比度。同时，在 Photoshop 中选取物体时，利用色彩通道可以做到快速准确。"色彩通道"的用途是为了在后期处理中方便选取不同材质的各个部分，所以不需要带有反射、贴图以及进行 GI 计算。

将模型文件另外存一份，并删除场景中所有的灯光，在 MAXScript(M) 菜单栏中单击"运行脚本"，运行 beforeRender.mse 插件。

进入 V-ray 的渲染面板，按【F10】键，设置参数如图 9-35 所示。

在"全局开关"中勾选掉所有选项，并在"间接照明"中将"GI"关闭。

勾选"插件"面板中"转换所有材质"选项，单击图标，将所有材质转换为 3ds，所有材质已经转换为 3ds Max 标准材质的自发光材质。如图 9-36 所示。

图 9-35　V-ray 的渲染参数设置

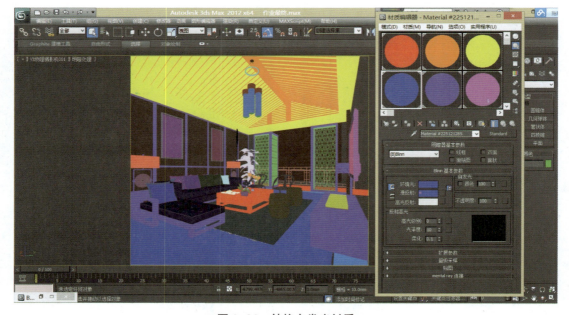

图 9-36　转换自发光材质

渲染色彩通道的尺寸一定要与成品图的渲染尺寸保持一致。

提示

"转换所有材质"的意思是在执行命令时，将场景中所有非标准材质转换为标准材质。也就是说在之前设置的所有 V-ray 材质都将转换为 3ds Max 的标准材质，方便正确的制作色彩通道。

8.　用 15 分钟完成 Photoshop 后期处理

最后，使用 Photoshop 软件为渲染的图像进行亮度、色彩饱和度、色阶等的调节，以下是场景后期步骤。

在 Photoshop 中，打开渲染的最终图像和"色彩通道"，如图 9-37 所示。

图 9-37　色彩通道

使用工具箱里的 ![移动工具] "移动"工具，按住【Shift】键，将"中式客厅 td.tga"拖入"中式餐厅 .tga"。调整"图层"关系，让"中式客厅"的图层在上，"色彩通道"图层在下。

利用"色彩通道"调整局部的明暗关系和色彩关系，单击"色彩通道"图层，按快捷键【W】选择"魔棒"工具。把"容差"值调为"10"。在"中式客厅"顶面上单击鼠标，当选区出现时，选择"图层 0"再按【Ctrl】+【J】，将"中式客厅"顶面复制到另一个图层。

按快捷键【Ctrl】+【J】复制一个"顶面"图层后，再按快捷键【Ctrl】+【L】，调整"顶面"图层的色阶，使其稍微显得洁净一些，如图 9-38 所示。

使用相同的方法依次调整墙面，地板等，再对整个空间进行调整：修改完成确认后，可以按照以往的方式对整体进行调节，"中式客厅"最终效果请参见附录附图 4。

图 9-38 调整色阶

思考与练习

➤ 上述两个案例综合了室内效果图的整个过程，具有一定的典型性。希望大家能够掌握规范的绘制方法，并能根据需要，灵活运用，举一反三，培养自己的绘图技巧。

➤ 好的室内效果图是设计能力与绘画技能的体现，也是综合艺术修养的表现，甚至是设计方案成败的关键。因此，要想能绘制出理想的画面效果，美术基础能力是必备的，包括透视与构图能力，素描与速写能力，以及色彩知识等。

➤ 请学生参见上述案例，进行室内间白天和夜景效果的练习。

综合实训

3dsMax 室内动画漫游技能训练

课题名称： 3ds Max 室内动画漫游技能训练

课题内容： 室内动画漫游制作的思路和技巧

室内动画漫游的制作流程

课题时间： 8 课时

教学目标： 本章是选修部分，通过学习可以了解 3ds Max 动画制作的基本流程，掌握动画制作原理；通过完成动画的制作，培养学生对已经学过的知识进行综合运用的能力并理解动画的制作流程和相应的命令。

教学重点： 掌握动画路径的创建；摄像路径适配，路径的绘制及平滑处理，以及摄像头的轴向适配等。

教学方式： 多媒体课件演示结合上机操作。

第十章　3dsMax 室内动画漫游技能训练

第一节　室内动画漫游制作的思路和技巧

在这个注重体验的时代，静态效果图已经不能满足现代用户的差异化需求。基于 3ds Max 软件动画功能以及 VR 虚拟技术的 360° 动画漫游技术以全新的视角，身临其境的直观感受带来全方位展示室内空间、设计风格的新技术。较之以往的室内静态效果图，全景动画漫游将丰富的空间以动态的形式展现在大家面前，能更加直观地将室内布局、材质、家具以及整体设计风格等与人相关的生活场景进行全方位展示。用户就像走进真实场景，在各个空间领域的场景任意漫游，也可以由"计算机向导"带领按特定路线浏览，并可进行交互、体验、反馈，仿佛置身和穿梭于一个真实的世界。

3ds Max&V-ray 室内动画漫游技术的应用为环境设计专业的学习构建了新的智慧平台。对学生来说，不但是增加了一个专业技能，而且它能长时间吸引学生的注意力，使学生最大限度地获得直接经验，提高自主学习能力。另外该平台增添了更多的互动环节，不仅是师生互动，还有人机互动和学生之间的互动交流。室内全景室内动画漫游不仅使学生对专业知识的理解和记忆的效果更加深刻，而且在活跃思维和拓展课外知识面上也有显著的优势，更有利于学生未来的专业发展。

一、快速表现制作思路

摄像机路径制作阶段：根据想要表现的内容给摄像机设定路径，用于表现连续不断的室内画面，摄像机路径创建完成后，调整摄像机方向，并让其按照路径方向移动，最后在测试时如对摄像机路径不满意，再做相应调整。

渲染阶段：首先是渲染参数的设定在渲染参数里设定输出的时间段以及其他相应参数。保存文件格式为 AVI，最终完成作品。

二、制作提速要点

布置摄像机路径时，按照摄像机运动方向依次设置摄像机路径和摄像机目标路径，避免摄像机按照路径运动时碰撞墙体等物体。

在后期阶段，调节图像的原则是先整体后局部，再以局部到整体的顺序进行，这样可以更好地把握全局，更有针对性。

第二节　室内动画漫游的制作流程

一、室内场景的搭建

建立室内场景。流程包括建模、灯光投射、材质赋予等，具体步骤请参考上一章节。需要注意的是因为 360° 全景漫游不像单张效果图，因此注意整个场景建模的完整性。

确定分镜头。场景在效果展示中有主有次，那动画镜头也有快有慢。设计中比较重要的部分，镜头可以慢一点，甚至稍微停顿一会；而次要的部分，镜头可以一带而过。这在动画路径设置前必须确定，必要时可以画草图。

二、用五分钟完成摄像机路径的创建

（1）单击 面板 V-ray 选项选择"标准"→"自由"，如 10-1（a）所示。

（2）切换到顶视图中，来创建中式客厅摄像机。按住鼠标左键，在顶视图中创建一个摄像机，具体位置如 10-1（b）所示。

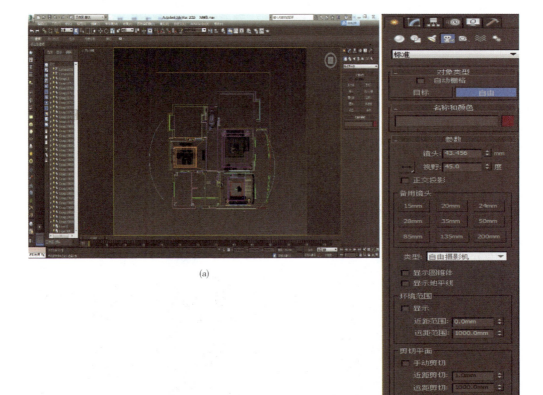

(a)

(b)

图 10-1　创建摄像机路径

（3）创建样条路线——摄像机漫游路径，调整参数。

（4）选择摄像机，依次点击菜单栏的"动画"→"约束"→"路径约束"，鼠标点击样条线。这样，摄像机就沿样条线运动。同样，再选择摄像机目标，按照上述方法匹配路径，至此，路径设置完成。

（5）旋转摄像机视角方向到路径方向，调整约束后的摄像机参数，勾选路径参数下的跟随。这样摄像机就始终按照路径方向运动，设置如图10-2所示。

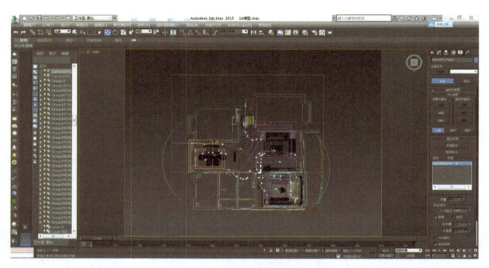

图10-2　摄像机路径的运动

（6）旋转摄像机视角方向在路径方向，调整约束后的摄像机参数，勾选路径参数下的跟随。这样摄像机就始终按照路径方向运动。

（7）设置渲染参数中的时间输出为活动时间段或范围以及相应参数。保存文件格式为AVI。如图10-3所示。

图10-3　设置时间输出

（8）旋转摄像机视角方向在路径方向，调整约束后的摄像机参数，勾选路径参数下的跟随。这样摄像机就始终按照路径方向运动。

（9）将视图切换到摄像机视口，选择"播放"，摄像机就会按照路径运动，运动速度可以根据自己需要的效果设置：选择页面右下角的"时间配置"按钮，打开"时间设置"页面，相应的设置具体参数如图 10-4 所示。

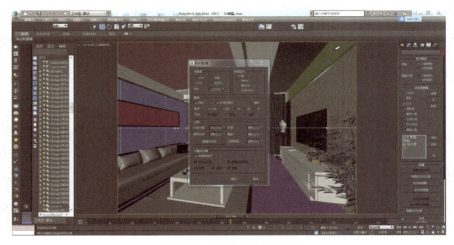

图 10-4　摄像机参数调整

（10）由旋转摄像机视角方向在路径方向，调整约束后的摄像机参数，勾选路径参数下的跟随。这样摄像机就始终按照路径方向运动。

三、用五分钟完成渲染出图

（1）渲染出图。动画渲染速度与单张图片的渲染速度相比速度比较慢，因此可以将场景划分为多个时间段进行渲染：将渲染范围设置为"1 ～ 200"，"201 ～ 400"，"400 ～ 668"三段或者更多段数，这样就不会因为场景帧数过多导致渲染过慢，最主要的是为了后期的效果处理更加方便。如图 10-5 所示。

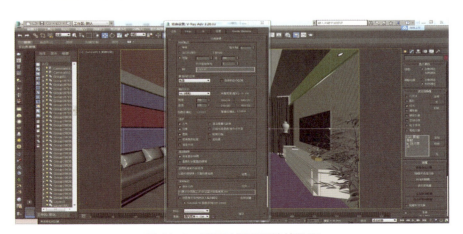

图 10-5　设置时间配置的帧数值

（2）点击渲染。如需要，可以在 Adobe After Effect 等视频软件中进行后期处理。

这里就不再赘述。最终渲染效果如图 10-6 所示。

图 10-6　渲染分镜头（客厅、过道、餐厅、卧室）

思考与练习

➢ 本章内容为自主学习，借助动画这个课题，根据教学任务完成整个摄像头动画的制作，以提高自己处理问题的能力。

参考文献

［1］张绮曼，郑曙旸 . 室内设计资料集［M］. 北京：中国建筑工业出版社，1991.

［2］中华人民共和国住房和城乡建设部 . GB/T 50001—2010 房屋建筑制图统一标准 [S].
北京：中国计划出版社，2010.

［3］刘文辉 . 室内设计制图基础［M］. 北京：中国建筑工业出版社，2004.

［4］聚光翰华数字科技 .3ds Max & VRay 极致室内表现［M］. 北京：电子工业出版社，
2010.

［5］张友龙 . 详解 AutoCAD 中文版室内设计［M］. 北京：中国铁道出版社，2013.

［6］纪元创意，等 . 超写实 :3ds Max&VRay 家装效果图技术精粹［M］. 北京：清华大
学出版社，2011.

附录 1

Photoshop 常用快捷键

命令说明	快捷键	命令说明	快捷键	命令说明	快捷键
图层转换为选区	Ctrl＋单击图层	显示／隐藏命令面板	TAB	默认前景色背景色	D
渐变工具油漆桶	G	套索、多边形套索	L	切换前景色背景色	X
放大视窗	Ctrl＋＋	缩小视窗	Ctrl＋－	切换标准蒙版快速蒙版	Q
调整色彩平衡	Ctrl＋B	调整色阶	Ctrl＋L	临时移动工具	Ctrl
调节色调饱和度	Ctrl＋U	曲线调整	Ctrl＋M	临时吸色工具	Alt
增大笔头大小	]	色彩平衡	Ctrl＋B	临时抓手工具	空格
减小笔头大小	[	色相／饱和度	Ctrl＋U	向前还原	Ctrl+Alt+Z
显示／隐藏标尺	Ctrl+R	去色	Ctrl+Shift+U	向后重做	Ctrl+Shift+Z
自由变换	Ctrl＋T	反相	Ctrl＋I	填充为前景色	Alt＋Delete
显示或隐藏标尺	Ctrl＋R	拷贝新建图层	Ctrl+J	填充为背景色	Clt＋Delete
显示或隐藏虚线	Ctrl＋H	剪切建立图层	Ctrl+Shift+J	自由钢笔	P
显示或隐藏网格	Ctrl＋"	与前图层编组	Ctrl＋G	矩形	U
矩形、椭圆选框	M	取消编组	Ctrl+Shift+G	抓手工具	H
移动工具	V	激活底部图层	Shift+Alt＋[	缩放工具	Z
魔棒工具	W	激活顶部图层	Shift+Alt＋]	实际像素显示	Ctrl+Alt+0
裁剪工具	C	向下合并图层	Ctrl＋E	全部选取	Ctrl＋A
喷枪工具	J	合并可见图层	Ctrl+Shift＋E	取消选择	Ctrl＋D
画笔、铅笔工具	B	选择快速蒙版	Ctrl+\	捕捉	Ctrl＋;
橡皮、图案图章	S	放大视图	Ctrl++	文字工具	T
历史画笔工具	Y	缩小视图	Ctrl＋－	路径选择工具	A
橡皮擦、背景擦	E	满画布显示	Ctrl＋0		

AutoCAD 常用快捷键

快捷键	说明	快捷键	说明	快捷键	说明
F3	实现自动捕捉	BR	打断	LIM	图形界线设置
F7	栅格显示模式控制	C	画圆	M	移动
F8	正交模式控制	CH	特性修改	MA	属性匹配
F9	栅格捕捉模式控制	CHA	倒斜角	ME	定距等分对象
F10	极轴模式控制	CO	复制	MI	镜像
F11	对象追踪式控制	D	设置标柱样式	ML	画多线
Ctrl+J	重复上一步命令	DAL	对齐标注	MLE	编辑多线
Ctrl+N	新建图形文件	DAN	角度标注	MLS	多线样式
Ctrl+1	打开特性对话框	DAR	半径标注	MO	特性修改
Ctrl+O	打开图像文件	DBA	基线标注	MT	多行文字
Ctrl+P	打开打印对话框	DCE	圆心标注	O	偏移
Ctrl+S	保存文件	DCO	连续标注	PRE	视图预览
A	绘制圆弧	DDI	直径标注	R	刷新显示当前视口
AR	阵列	DED	标注编辑	RA	刷新显示所有视口
ATT	块属性定义	DI	测量距离	R	重生成图形
B	定义图块	DIV	定数等分	REA	重新生成图形
F	倒圆角	DLI	线性标注	REC	画矩形
H	填充	DO	绘制圆环	RO	旋转
I	插入块	DRA	弧长标注	S	拉伸
IM	插入图像	ED	编辑文字属性	SC	缩放比例
IMP	导入	EL	画椭圆	T	文本输入
J	合并直线	EX	延伸到	TB	插入表格
L	直线	P	移动	TR	修剪
LA	建立图层	PE	多段线编辑	X	炸开
LEN	加长线	PL	多段线绘制	Z	视图缩放
LIM	图形界线设置	PO	画点	POL	画正多边形

3ds Max 常用快捷键

Q：智能选择	Alt+Q：当前选择（隐藏其他）	－ ：缩小坐标轴
W：选择并移动物体	Alt+U：全部取消隐藏（多边形）	＋ ：放大坐标轴
E：选择并旋转物体	Alt+W：最大化视口切换	[：放大视图
R：智能缩放	Alt+A：对齐（有修改窗口）	]：缩小视图
J：显示被选物体边框	Alt+Z：小幅度缩放视图工具	'：设置关键点模式
M：材质编辑器切换	Alt+X：以透明方式显示切换	；：重复上次操作
H：按名称选择物体	Alt+E：沿样条线挤出（多边形）	按鼠标中轮移动视图
A：角度捕捉切换	Alt+H：隐藏（多边形）	滚动中轮可缩放视图
S：捕捉开关	Alt+I：隐藏未选定对象	Ctrl+W：缩放区域模式
Z：最大化显示选定对象	Alt+N：法线对齐	Ctrl+E：缩放循环
G：隐藏视口栅格切换	Alt+P：封口（多边形）	Ctrl+P：平移视图
C：摄影机视图	Alt+ 6：显示或隐藏主工具栏	Ctrl+O：打开文件
T：顶视图	Alt+ F2：捕捉到冻结对象切换	Ctrl+Q：选择类似对象
F：主视图（前视图）	Alt+ F3：使用轴约束捕捉切换	Ctrl+I：反选
L：左视图	Alt+ F5：捕捉到曲线边切换	Ctrl+A：全选
B：底视图	Alt+ F6：捕捉到曲面中心切换	Ctrl+B：子对象选择
U：正交用户视图	Alt+ F7：捕捉到栅格线切换	Ctrl+L：默认 / 场景灯光
P：透视图（Alt+Home）	Alt+ F9：捕捉到垂足切换	Ctrl+S：保存文件
F2：以线框或面显示	Alt+ 鼠标中键：自由旋转视图	Ctrl+D：全部不选
F3：切换线框或实体	Alt+Ctrl+Z：最大化显示	Ctrl+F：选择方式切换
F4：显示分段数	Shift+Q：快速渲染	Ctrl+C：创建摄影机
F5：切换到坐标轴 X	Shift+A：快速对齐	空格：锁定被选物体
F6：切换到坐标轴 Y	Shift+F：视口安全框切换	1 ～ 5：子对象层级切换
F7：切换到坐标轴 Z	Shift+I：打开间隔工具	8：打开环境面版
F8：切换 XY、XZ、YZ 坐标	Shift+C：隐藏摄像机	9：打开渲染面版
F9：按上一次设置渲染	Shift+S：隐藏图形	0：渲染到纹理对话框
F10：渲染设置	Shift+4：聚光灯 / 平行光视图	Shift+G：隐藏几何体
F12：输入数字精确移动	Shift+Ctrl+Z：最大化所有视图	Shift+L：隐藏灯光

附录 2

附图 1 居住空间室内彩色平面设计效果图

附图 2 居住空间室内彩色立面设计效果图

附图 3　简约中式居住空间室内设计效果图（学生：张庚龙作品）

附图 4　现代简约居住空间室内设计效果图（学生：张庚龙作品）

附图 5　简约欧式客厅室内设计日景效果图（学生：邱帅作品）

附图 6　简约欧式客厅室内设计夜景效果图（学生：邱帅作品）